改訂版

よくわかる エコアクション21

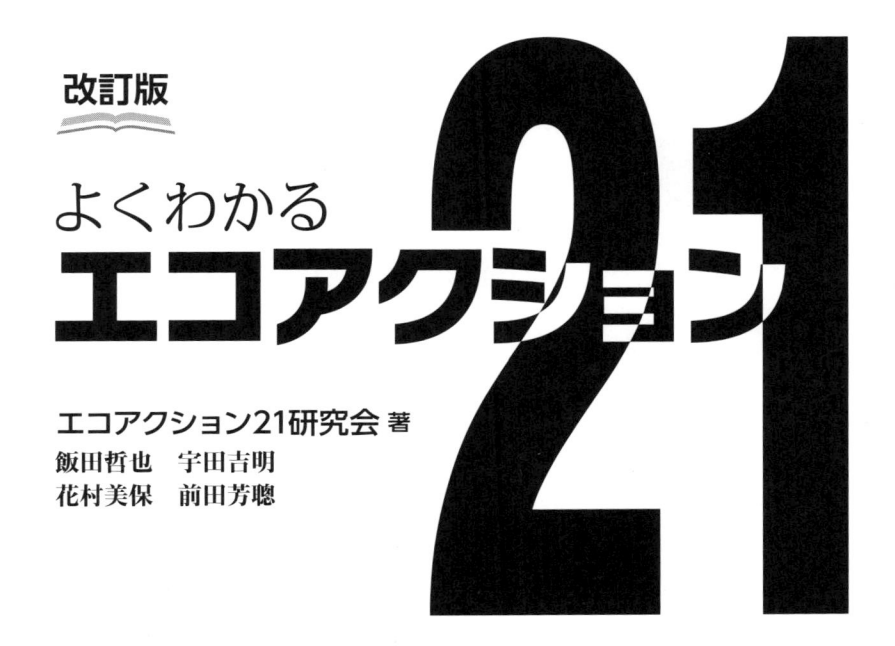

エコアクション21研究会 著

飯田哲也　宇田吉明
花村美保　前田芳聰

Q&A 基本から 実務まで

第一法規

はじめに

　環境省は、環境経営を促進するため、1996年、幅広い事業者が取り組める「エコアクション21（環境活動評価プログラム）」を策定しました。2004年には第三者認証・登録制度を備えたものへと発展させ、「エコアクション21ガイドライン（2004年版）」として公表しました。

　その後、「改訂版エコアクション21ガイドライン（2009年版）」を公表し、さらに、「エコアクション21ガイドライン（2017年版）」として、改訂されました。

　大量生産・大量消費・大量廃棄が引き起こした環境問題は、公害の修復に始まり、現在にかけて、エネルギーの削減や資源の節減、廃棄物の削減、リサイクル、再生可能エネルギーへの転換などの施策、活動が実施されてきました。近年では環境問題の解決には人権問題や教育、働きがい、技術革新、パートナーシップなどの社会的要素を含めた総合的な見地からの関連性を配慮した活動も実施されるようになってきました。現在、その具体的な目標を示すものとして「持続可能な開発目標」（Sustainable Development Goals：SDGs）があります。SDGsは2016年から2030年までの国際目標で環境関連項目も含めて17項目の目標を定義しています。温暖化対策についても防止ではなく緩和策と適応策というような施策に移行しており、緩和策は従来の防止策の継続、適応策は温暖化の中で生き抜くための施策として気候変動による災害の防災や減災、農作物の品種改良や感染症対策も含まれています。このように今ではエコだけの環境施策だけでは足りず、SDGsに示されるような総合的な観点から環境施策を実施することが重要となっています。

　一方、経営を取り巻く環境はビジネスの考え方や技術の進歩、政府の政策の転換など、大きく変化しています。企業には必ず何か特化した存在意義があり、社会に対して果たすべき役割があります。その役割を果たすために、例えば、製造業であってもサービスが必要な場合があります。今までは、つくるだけで経営は成り立っていましたが、社会に貢献する製品・サービスを

拡販するためには社会的ニーズを踏まえて改良や開発を継続し、さまざまなサービスを顧客に提供しなければなりません。また、働き方改革や生産性向上改革など政府の政策にも取り組むことが社会的にも求められています。経営改善の過程でSDGsのような考え方を意識して、事業活動そのものが環境に関連することを発見して自らの取組を発信することが重要となっています。

このような経営改善を確実に実行するサポートツールがエコアクション21です。エコアクション21は環境マネジメントシステムですが、当初から環境経営システムと位置付けられています。エコアクション21を構築・運用し、さらに環境の事象だけでなく、経営の要素を主体的に「Plan（計画）」、「Do（実行）」、「Check（評価）」、「Act（改善）」（PDCA）で改善していく、そして、社会的ニーズに対応した企業像に近づき、発信し、社会的信頼を勝ち取る、これが企業価値の向上です。

本書は、中小事業者等の幅広い事業者に対して、自主的に「環境への関わりに気づき、目標を持ち、行動することができる」、かつ、運用により企業価値向上の一助になる、最新の「エコアクション21ガイドライン（2017年版）」に沿って、マネジメントシステムの構築・運用方法について、やさしく解説し、サポートするものです。

本書を活用して、エコアクション21を構築・運用して企業価値向上を実現していただきたいと思います。

2018年12月

エコアクション21研究会
飯田哲也　宇田吉明
花村美保　前田芳聰

本書を読み進めるにあたって

　本書で使用している用語は、各章で意味を説明しています。

　ここでは、多用しているものの、一般的な解釈と相違したり、定義を少し詳しく説明した方がよいと思われる用語について説明しています。

用　語	説　明
事業者	企業、非営利団体、地方公共団体などを総称しています。 本書では、組織活動を行っている団体全体を、「事業者」と定義しています。 一部、企業を意識した内容などは、「企業」と明確に区別しています。
活　動	事業におけるすべての活動です。 業務内容だけでなく、顧客や社会に提供する製品・サービスも含みます。
従業員	企業、非営利団体、地方公共団体などで働くすべての人です。 役員、パート・アルバイト、派遣社員なども、「従業員」です。 役員は、一般的には「従業員」の定義には含まれませんが、エコアクション21では、「従業員」として人数に含めます。 また、派遣社員は、派遣元の人材会社が雇用主となりますが、派遣先の事業活動に深く関与していますので、派遣先の「従業員」として人数に含めます。 業務請負契約で常駐している従事者は請負会社の従業員となりますが、勤務の実態によって「従業員」に含まれる場合があるため、事前にエコアクション21の事務局に相談してください。

第2章 エコアクション21のガイドラインの理解と構築のための様式集

Ⅱ 計画の実施（Do）

第3章 環境経営レポートの事例

第4章 さらに経営に役立つ活用方法

第 1 章

今こそ、環境と経営の両立を

エコアクション21は「環境経営システム」であり、構築や運用をするためのルールが決まっています。そもそも、「環境経営」とは何でしょうか。いろいろな説明や解釈がありますが、本書では、「事業活動のあらゆる局面に『環境』の視点を取り入れること」と定義します。もう1つの「システム」とは何でしょうか。「システム」の定義もたくさんありますが、本書では、「マネジメントシステム」と定義します。

エコアクション21は、二酸化炭素排出量削減（省エネ）、廃棄物排出量削減（あるいはリサイクル推進）、総排水量削減（節水）への取組を必須とした「ガイドライン2004年版」が発行され、その後、グリーン購入、製品・サービスへの取組、化学物質使用量削減が必須項目に追加された2009年版が発行されました。

「ガイドライン2017年版」は、昨今の世界的動向も反映させて、「課題とチャンスの明確化」が要求事項に追加され、経営リスクも考慮した内容となっています。この「ガイドライン2017年版」に沿って、「環境」、「経済」、「社会」の3つの概念を整合させた事業活動に取り組むことにより、よりよい社会形成をめざすことができます。

エコアクション21は、経営や事業活動における大変有効な「サポートツール」です。本章では、エコアクション21の仕組みや特徴、支援制度について、わかりやすく紹介します。

企業価値向上ツール「エコアクション21」

1. 環境マネジメントシステムとは

Q 環境マネジメントシステムとは、どういうものでしょうか。

A 「環境マネジメントシステム」とは、図表1-1に示すPDCAサイクルによる継続的改善を図る仕組みです。法規制の遵守やエネルギーの使用量の把握など現状維持のための単なる管理システムではありません。「環境マネジメントシステム」の中でもエコアクション21は「環境経営システム」と呼び、環境経営を重視した仕組みとなっています。

［解 説］

　マネジメントシステムの基本構成には、「Plan（計画）」、「Do（実行）」、「Check（評価）」、「Act（改善）」の４つの要素があり、図表1-1のように１つの流れに沿って継続的改善活動を行います。

　この流れ（構成）に沿って、各種の視点で基準（ルール）が制定されると「○○マネジメントシステム」と呼ばれます。各種の基準（ルール）は、世界的に適用していくために、国際機関（ISO）※で制定されています。

　主なマネジメントシステムの種類には、

- 品質マネジメントシステム（ISO9001）
- 環境マネジメントシステム（ISO14001）
- 情報セキュリティマネジメントシステム（ISO27001）

などがあり、上記３つのマネジメントシステムは、大手事業者が認証取得している割合が高くなっています。

　環境マネジメントシステムは、上記国際機関で制定されたISO14001、環

3

【図表1-1】 PDCAとISO14001：2015規格の枠組みとの関係

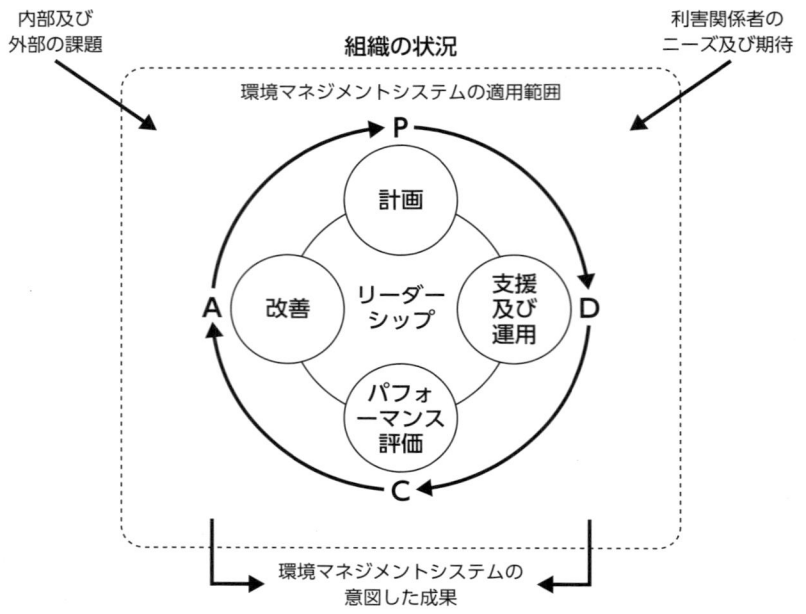

（出典）ISO14001：2015規格

境省のガイドラインに基づくエコアクション21のほか、KES、エコステージなどがあります。

> **※国際機関（ISO）について**
> 　国際標準化機構（International Organization for Standardization）のことです。電気・電子及び電気通信以外のあらゆる分野の国際規格の作成を行う国際標準化機関で、各国の代表的標準化機関から構成されています（出典：一般財団法人日本規格協会ウェブサイト）。

2. エコアクション21とは

Q エコアクション21の仕組みと特徴を教えてください。

A エコアクション21の仕組みはPDCAを基本としたマネジメントシステムです。その仕組みはISO14001とほとんど変わりませんが、毎年エコアクション21の活動内容や成果をレポートにまとめ、それを公表するのが特徴です。

解 説

エコアクション21には、「1. 環境マネジメントシステムとは」で解説したISO14001と、1つだけ相違点があります。

ISOで制定されているのは、考え方・活動プロセスであり、その成果や活動内容を自らが情報発信する要求事項はありません。

エコアクション21では、要求事項の1つである「文書類の作成・管理」の中に、「環境経営レポート」が含まれており、仕組みの1つとなっています。自組織の考え方や活動を総合的な内容に整理し、発信していくことで、「コミュニケーションツール」となることを目的としています。

自組織からの情報発信は、PRや認知度の向上だけでなく、課題やネガティブな内容も自らが把握して改善に努めていることを発信していくことで、経営における自浄効果が機能していることの証明となります。

これは、組織の信用やブランド価値が低下し、企業の売上や、組織の活動に損失が発生する「レピュテーションリスク」と呼ばれる危険性を回避するためにも有効です。いわゆる風評被害を受けないための対策です。

エコアクション21のPDCAサイクルと、環境経営レポートによる情報発信の相関は、図表1-2のとおりです。

【図表1-2】エコアクション21のPDCAサイクルと環境経営レポートの関係性

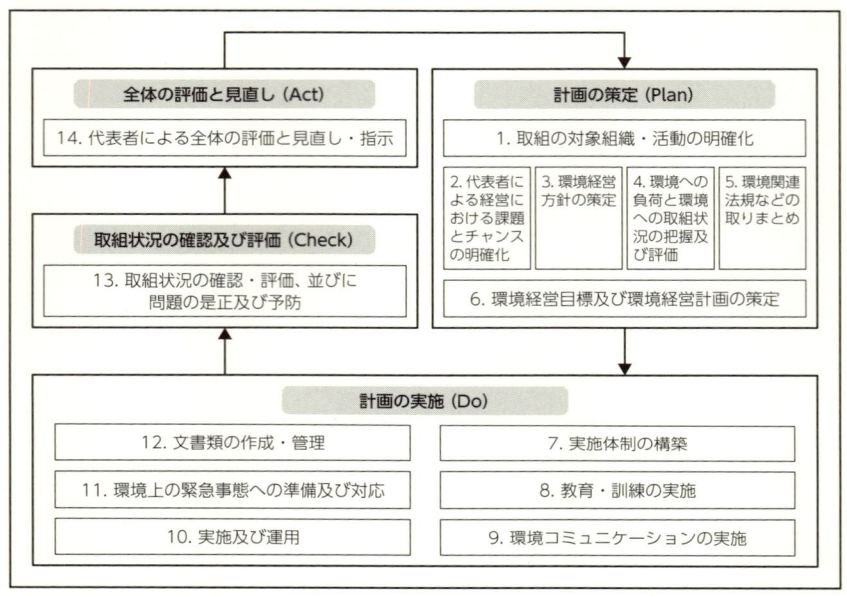

1年間の活動内容をまとめる

○○会社
環境経営レポート

【環境経営レポート】

■**計画の策定 (Plan)**
(1) 組織の概要（事業者名、所在地、事業の概要、事業規模など）
(2) 対象範囲（認証・登録範囲）、レポートの対象期間及び発行日
(3) 環境経営方針
(4) 環境経営目標
(5) 環境経営計画

■**計画の実施 (Do)**
(6) 環境経営計画に基づき実施した取組内容（実施体制を含む）

■**取組状況の確認及び評価 (Check)**
(7) 環境経営目標及び環境経営計画の実績・取組結果とその評価（実績には二酸化炭素排出量を含む）、並びに次年度の環境経営目標及び環境経営計画
(8) 環境関連法規などの遵守状況の確認及び評価の結果、並びに違反、訴訟などの有無

■**全体の評価と見直し (Act)**
(9) 代表者による全体の評価と見直し・指示

(出典) 環境省「エコアクション21ガイドライン（2017年版）」P.5の図をもとに、環境経営レポートとの相関を筆者が作成

3.「エコアクション21ガイドライン（2017年版）」の特徴

Q 「エコアクション21ガイドライン」は、これまで改訂を重ねてきましたが、2017年版はこれまでのものとどこが変わったのでしょうか。

A エコアクション21は、ガイドラインが2017年版に改訂された際、従来の環境経営の推進からさらに、事業者の成長を加速させ、進化を最大化できることを念頭に策定され、経営全体を発展させることができる仕組みになりました。

解説

　企業経営・組織経営において、国際統合報告評議会（International Integrated Reporting Council：IIRC）で策定された「国際統合報告フレームワーク」では、あらゆる組織の成功は、以下の６つで構成される「資本」にささえられているとされています。

(1)　財務資本：組織が利用可能な資金

(2)　製造資本：組織が利用できる製造物

(3)　知的資本：組織的な知識ベースの無形資産

(4)　人的資本：社員の能力、経験、及びイノベーションへの意欲

(5)　社会・関係資本：組織のブランド、評判、価値共有、及びコミュニティ形成

(6)　自然資本：保全された全ての環境資源

　エコアクション21では、上記６つの資本のうち、「(4)人的資本、(5)社会・関係資本、(6)自然資本の３つの質的な向上を実現することによって、(1)財務資本、(2)製造資本、(3)知的資本を増強するため、必要な社会的信頼を得ることができる」としています。

　「エコアクション21ガイドライン（2017年版）」については、第２章で、14の取組項目（要求事項）について詳細に解説していますが、その１つに、「代表者による経営における課題とチャンスの明確化」という取組項目があります。６つの資本を鑑み、組織経営における強み・弱みを仕組みに反映させる

【図表1-3】企業経営に必要な6つの資本

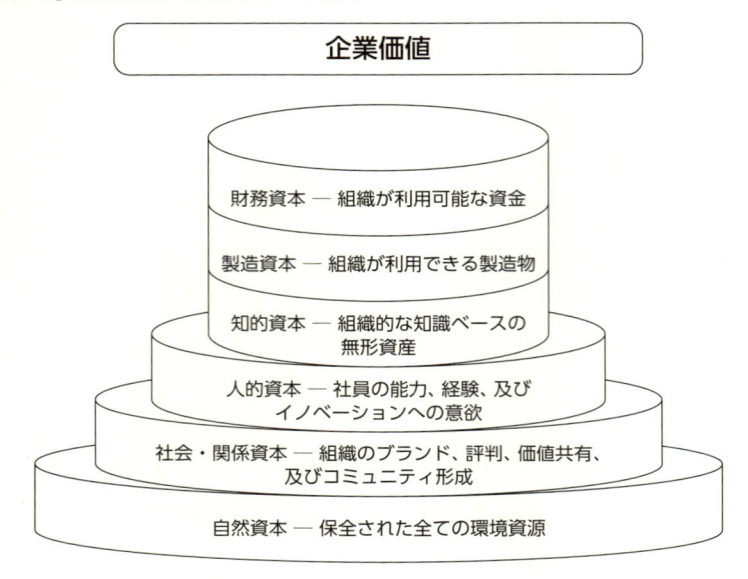

企業価値

財務資本 ─ 組織が利用可能な資金

製造資本 ─ 組織が利用できる製造物

知的資本 ─ 組織的な知識ベースの
無形資産

人的資本 ─ 社員の能力、経験、及び
イノベーションへの意欲

社会・関係資本 ─ 組織のブランド、評判、価値共有、
及びコミュニティ形成

自然資本 ─ 保全された全ての環境資源

(出典) 環境省「エコアクション21ガイドライン (2017年版)」P.2

ため、エコアクション21では、その審査員が、経営を主体に事業の代表者に寄り添った審査・助言を行います。それによって、事業者の成長を加速させ、経営全体を発展させることができるようになります。

　また、本書の第4章「1. 経営の課題とチャンスの考え方と応用」において、分析手法や考え方を具体的に説明していますので、経営の進化を加速していく際の参考にしてください。

4. エコアクション21に取り組むメリット

Q エコアクション21に取り組むメリットとは、どのようなものがあるのでしょうか。

A 事業活動の向上や効率化など経営に有利な展開が可能になるうえ、事業者自身が環境への取組をアピールすることで、社会的信頼性の確保ができます。

解 説

エコアクション21に取り組むメリットとしては、以下の6つがあげられます。

① 経営力向上や組織の活性化（組織を元気にする）

「エコアクション21ガイドライン2017年版」で新設された「経営における課題とチャンスの明確化」を実施することにより、従来の環境活動において、経営と相関性を持たせることが可能になります。組織経営は財務指標だけでなく、各業務や活動で成果を評価するための指標（Key Performance Indicator：KPI）を定めて、業務工程の評価や活動の評価を行い、絶えず、組織の価値の拡大をめざしています。組織経営において、財務指標が「表」の指標であれば、環境活動やKPIは「裏」の指標として機能します。

【図表1-4】組織経営と環境活動の相関関係（主なもの）

組織経営　　　　　←→	環境活動
企業理念、経営方針、社是	環境経営方針
経営目標、部門目標	環境経営目標
売上、投資、経費	環境活動で収集するデータ

② 取組項目が明確なので、効果的・効率的に活動が可能

エコアクション21では、事業者・組織の実務負担の軽減に配慮し、必ず把握するべき環境負荷項目と必ず取り組むべき活動を定めています。必ず把握するべき環境負荷項目は、図表1-4「組織経営と環境活動の相関関係」の「環境活動で収集するデータ」に該当します。

必ず把握するべき環境負荷項目と、必ず取り組むべき活動の相関関係については、図表1-5のとおりです。

【図表1-5】環境負荷項目と取組活動の相関関係

必ず把握するべき環境負荷項目 ←→	必ず取り組むべき活動
二酸化炭素排出量	省エネルギー
廃棄物排出量	廃棄物の削減
水使用量	節水
自組織で定めるKPI	自らが生産・販売・提供する製品の環境性能の向上及びサービスの改善

③ 顧客や取引先などの利害関係者の要望に対応できる

顧客や取引先などをはじめ、さまざまな利害関係者の要望に対応できる製品・サービスを提供していくうえで、それぞれの利害関係者に配慮する考え方が、組織経営における作法の１つとなってきているとともに、供給者を巻き込んだサプライチェーン全体の環境配慮が必須になっています。

エコアクション21を通じて、自組織の環境対応を実施・情報発信することで、取引先への要求に応え、また、顧客に対して配慮を行っていることを伝えることができます。

④ 環境経営レポートによる自らの取組の情報発信

第１章「2. エコアクション21とは」でも説明しましたが、エコアクション21は、コミュニケーションツールである環境経営レポートの作成・公表が上記③の対応を可能にするとともに、相互理解を深めていくことが可能です。

環境経営レポートは、自組織の会社概要として、また、営業用の販促ツールとして、さまざまな活用が可能です。

⑤　第三者認証による社会的信頼性の確保

　エコアクション21は、第三者による審査を実施し、第三者機関が認証・登録を行う仕組みです。第三者機関とは、環境省による要件適合確認を受けた「エコアクション21中央事務局」です。

　エコアクション21の審査では、エコアクション21中央事務局が実施する審査員の要件に適合した審査員が、14の取組項目の適合状況と取組内容を充実させ、レベルアップしていくための助言を行います。

　エコアクション21の認証を取得することで、以下のような経営に役立つメリットを享受することができます。

　特に、①は、法令に基づく優良事業者としての認定となるため、産業廃棄物処理業の許可の有効期間の延長、更新申請における添付書類の一部省略（自治体の判断による）などのメリットがあります。

①　廃棄物処理法に基づく「優良産廃処理業者認定制度」

　優良産廃処理業者認定制度は、通常の許可基準よりも厳しい基準をクリアした優良な産廃処理業者を、都道府県・政令市が審査して認定する制度で、優良認定業者として認定されるための基準は、「遵法性」、「事業の透明性」、「環境配慮の取組」、「電子マニフェスト」及び「財務体質の健全性」の5項目です。

　「環境配慮の取組」として、ISO14001やエコアクション21等の認証を取得することが要件となっています。

②　「食品リサイクル優良事業者」の認証・登録

　環境省と農林水産省が共同で策定した「エコアクション21食品関連事業者向けガイドライン」の認証・登録をすることで、「食品リサイクル優良事業者」と付したエコアクション21ロゴマークを使用することができます。

　適用事業者は、以下のとおりです。

- 食品循環資源の再生利用等の促進に関する法律で規定される食品関連事業者（食品の製造・加工業者（食品メーカー等））

- 食品の卸売・小売業者（各種食品卸、スーパー、コンビニエンスストア、百貨店等の食品の小売業等）
- 飲食店業（食堂、レストラン、居酒屋等）
- 食事の提供を伴う事業としての沿岸旅客海運業（クルーズ船等）
- 内陸水運業（屋形船等）
- 結婚式場業、旅館業（ホテル、旅館）

③　自治体の入札での加点項目としての活用

　多くの自治体では、競争入札参加者の資格に関する基準で環境マネジメントシステムの認証取得に加点をしています。

　原材料調達・生産管理・物流・販売までが連鎖したサプライチェーンを全体最適化するマネジメントである「サプライチェーンマネジメント」における環境配慮と言えます。

　エコアクション21は、入札の資格要件や環境配慮項目に該当しますので、自組織の加点項目として活用できます。

④　金融機関からの低利融資制度の利用が可能

　自組織の設備を省エネルギー設備に変更したい場合や、経営資金の調達などにおいて、エコアクション21を取得していることにより、一部の金融機関からの低利融資を受けることができます。

⑥　構築支援にかかる経費の一部助成

　エコアクション21の構築支援や登録・認証にかかる費用について、助成金を出して支援する制度を設けている自治体もあります。助成金の詳細などの詳しい内容は、エコアクション21中央事務局のウェブサイトにも掲載されていますが、お近くの自治体にお問い合わせください。

　エコアクション21の取得は、自組織の活動における財務面だけでなく、コンプライアンス対応にも大変有効です。取組項目からのエコアクション21の有効性を図式化すると図表1-6のような展開になります。

　経営において、これまでは「守りの手法」としてエコアクション21を運用していましたが、実は、図表1-5の「必ず取り組むべき活動」のうち３つの活

【図表1-6】エコアクション21の有効性

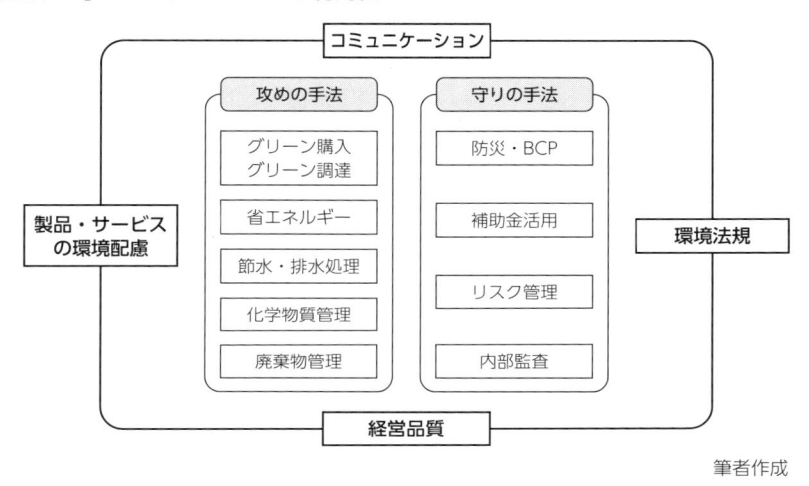

筆者作成

動（省エネルギー、廃棄物の削減、節水）は、図表1-6では、「攻めの手法」に区分しています。つまり、活動内容によって、また、活動する私たちの意識によって、手法の捉え方が変化します。

そして、必ず取り組むべき活動の「自らが生産・販売・提供する製品の環境性能の向上及びサービスの改善」は、図表1-6では「製品・サービスの環境配慮」と表現しており、「攻めの手法」の「グリーン購入・グリーン調達」、「化学物質管理」の手法を活用することにより、環境に配慮した製品・サービスとして、市場に環境価値をPRすることができます。

一方、「守りの手法」には、事業者の従業員や事業を万が一の災害から守るための「防災・BCP（事業継続計画)」、事業者の投資を最低限抑えることができる「補助金活用」、事業リスクの抽出と対応を講じるための「リスク管理」、そして、事業全体の自己評価を行い適正化させるための「内部監査」の４つがあります。図表1-5の「必ず取り組むべき活動」は、「リスク管理」とも関連します。

このように、１つの活動を行うことで、自組織の運営基盤を強固にしていくことができます。

5. エコアクション21の認証・登録の仕組み

Q エコアクション21の審査とは、どのようなものですか。また、エコアクション21の審査の申込から認証取得までのフローを教えてください。

A エコアクション21の審査は、エコアクション21中央事務局が認定し登録した審査員によって行われます。この審査員は、審査中の指導及び助言をすることができます。

事業者は、環境経営レポートとともに登録審査の申込をします。あとは、審査員の指示に従って、審査、登録となります。フローについては解説を参照してください。

[解 説]

エコアクション21では、利害関係を持たない第三者機関であるエコアクション21中央事務局が事業者の認証・登録を行い、また、中央事務局が規定した地域事務局の承認及び審査員の要員認証を行うなど、認証・登録制度の運営を行います。

また、審査員は、事業者からのエコアクション21の認証・登録の申込に基づき、事業者に対して審査及び指導・助言などを行います。制度全体の概要は、図表1-7のとおりです。

エコアクション21の認証登録を希望する場合は、以下の手順となります。

1 申込

① 認証・登録を希望する事業者は、審査申込書を環境経営レポートとともに、事務局に送付し、審査の申込をします。

② 事務局は、審査を担当する審査員を選任し、受審事業者に通知します。

2 審査準備・審査

① 審査員は、事務局及び受審事業者より、審査に必要な書類を受領します。

【図表1-7】エコアクション21認証・登録制度の概要

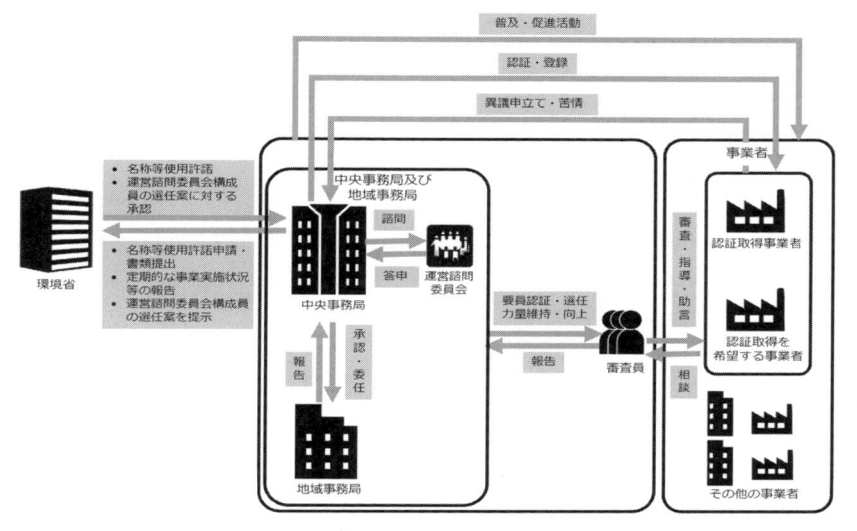

(出典) 環境省「エコアクション21ガイドライン (2017年版)」P.7

② 審査員は、事務局より派遣され、登録審査 (書類審査・現地審査) を実施します。

③ 審査員は、審査の結果を審査結果報告書に取りまとめ、事務局に提出します。

③ 判定

① 事務局の判定委員会は、審査員の報告に基づき、受審事業者の認証・登録の可否を判定します。

② 中央事務局は、受審事業者の認証・登録の可否を判定委員会の報告に基づき判断し、その結果を受審事業者に通知します。

④ 認証登録手続き

① 受審事業者は、中央事務局に審査費用及び認証・登録料を納付します。

② 中央事務局は、受審事業者と認証・登録契約を締結します。

③　中央事務局は、受審事業者に認証・登録証を送付するとともに、エコアクション21ロゴマークの使用を認め、事業者の環境経営レポートを中央事務局のウェブサイトで公開します。

　認証・登録は、2年ごとの更新となります。認証・登録事業者は、認証・登録の1年後に中間審査を受審します。中間審査の1年後に更新審査を受審し、認証・登録時と同様の手続きを経て、認証・登録の更新を行います。

6. エコアクション21の審査、認証・登録費用

Q　エコアクション21の費用はなぜ安いのですか。

A　審査料金は決められており、審査員で異なることはありません。中央事務局・地域事務局がすべて営利を目的としない法人（財団法人、NPO法人など）で運営されていることも安く統一できる理由の1つです。

(解 説)

　エコアクション21の認証・登録費用及び審査費用はエコアクション21中央事務局のウェブサイトで明確化されており、事業者・組織の規模及び業種によって区分されています。ただし、従業員数が101人以上の規模になると、業種・業態によっては、複数の事業所への審査が必要になることから、費用も増減するため、図表1-8では「≧」（以上）の記号で表しています。

　具体的な審査費用につきましては、登録審査時及び中間審査時・更新審査時に審査員から算出される費用を確認してください。

【図表1-8】製造業、建設業、修理工場、廃棄物・再生資源の収集運搬・中間処理・処分業等、環境負荷が比較的大きいと考えられる事業所における審査登録費用

（単位：万円）

従業員数 （構成員数）	1年目	2年目	3年目	4年目	以降
	登録審査費用＋ 登録費用	中間審査 費用	更新審査費用＋ 更新費用	中間審査 費用	
10人以下	10+5=15	10	10+5=15	5	更新審査・ 中間審査の 繰り返し
11人以上 30人以下	10+10=20	10	10+10=20	5	
31人以上 60人以下	12.5+10=22.5	10	10+10=20	7.5	
61人以上 100人以下	15+10=25	12.5	12.5+10=22.5	7.5	
101人以上 300人以下	≧17.5+10≧27.5	≧15	≧15+10≧25	≧10	
301人以上 500人以下	≧17.5+15≧32.5	≧15	≧15+15≧30	≧10	
501人以上 1,000人以下	≧20+20≧40	≧17.5	≧17.5+20≧37.5	≧15	
1,000人以上	≧20+30≧50	≧17.5	≧17.5+30≧47.5	≧15	

（出典）エコアクション21中央事務局ウェブサイトをもとに筆者作成

【図表1-9】サービス業、流通業、事務所等、比較的環境負荷が少ないと考えられる事業所における審査登録費用

（単位：万円）

従業員数 （構成員数）	1年目 登録審査費用＋ 登録費用	2年目 中間審査 費用	3年目 更新審査費用＋ 更新費用	4年目 中間審査 費用	以降
10人以下	10+5=15	10	10+5=15	5	更新審査・ 中間審査の 繰り返し
11人以上 30人以下	10+10=20	10	10+10=20	5	
31人以上 60人以下	10+10=20	10	10+10=20	5	
61人以上 100人以下	12.5+10=22.5	10	10+10=20	5	
101人以上 300人以下	≧15+10≧25	≧12.5	≧12.5+10≧22.5	≧7.5	
301人以上 500人以下	≧15+15≧30	≧12.5	≧12.5+15≧32.5	≧7.5	
501人以上 1,000人以下	≧20+20≧40	≧15	≧15+20≧35	≧10	
1,000人以上	≧20+30≧50	≧15	≧15+30≧45	≧10	

（出典）エコアクション21中央事務局ウェブサイトをもとに筆者作成

【留意点】

※従業員数には、正規職員だけでなく、パート・アルバイト等も含まれます。また、常勤の役員も含まれます。

※上記の審査費用は、対象事業所数が1ヶ所程度の場合です。なお、対象事業所が複数ある場合等、また、業種や業態により、上記の審査費用以上の金額を要する場合があります。

※審査費用には別途旅費・宿泊費がかかります。審査するサイト（拠点）が増えると審査費用が増加する場合があります。

※消費税が別途かかります。

エコアクション21と生物多様性

―絶滅危惧種を守るだけじゃない。中小企業の生物多様性への取組―

　エコアクション21のガイドラインに企業経営に必要な6種類の資本について、「エコアクション21の認証・登録とそれを継続するプロセスによって、中小企業が3種の非財務資本、すなわち、人的資本、社会・関係資本、自然資本の質的な向上を実現することによって、財務資本、製造資本、知的資本を増強するために必要な社会的信頼を得る」と記載されています。さらに、この理念を認証・登録の手順に沿って、よりわかりやすくエコアクション21を定義すれば、「自然資本を維持するという全人類の果たすべき義務を実践することによって、従業員の能力・経験・意欲が向上し、それによって高い価値を有した事業者であると評価され、同時に、社会やコミュニティからの高い信頼を得ることをゴールとした『Plan（計画）』、『Do（実行）』、『Check（評価）』、『Act（改善）』のPDCAサイクルを手段とする枠組み、それがエコアクション21である」とあります。要するにエコアクション21は儲けることが目的ではなく、非財務資本をマネジメントして実行することが目的で、その結果、財務資本が改善するということになります。この考え方は環境（Environment）、社会（Social）、企業統治（Governance）の「ESG」や「持続可能な開発目標」（Sustainable Development Goals：SDGs）と同じ理念であるとも言えます。

　さて、"自然資本を維持するという全人類の果たすべき義務を実践する"とはどのようなことを指すのでしょうか。エコアクション21認証取得企業が気付かないだけですでに実践していることが多くあります。例えば、省資源や原料のグリーン調達（供給先から環境負荷の少ない製商品・サービスや環境配慮等に積極的に取り組んでいる企業から優先的に調達すること）です。節水は水資源を、不良削減やFSC認証材料（森林の環境保全に配慮し、地域社会の利益にかない、経済的にも継続可能な形で生産された木材を使った材料）の調達は森林資源を、エコアクション21の目的の1つである二酸化炭素削減は気候変動による生態系を保全しており、これらは自然資本の維持につながっています。そのほかにも、化学物質の管理は水や

大気、土壌の自然環境保全になっています。特に何かをするのではなく今実行していることが自然資本の維持になっているのです。このようにエコアクション21を認証・取得し、要求事項を実行しているだけで自然資本の維持活動につながっているのです。中小企業では、納期や品質維持などに追われて日常活動の先の先にある地球環境のことなどイメージしにくいのが現状です。しかし、エコアクション21の要求事項による活動はすべて人的資本、社会・関係資本、自然資本の維持につながるものです。ここを意識すれば今風の「ESG」や「SDGs」に関連付けて、これまた今風の発信が可能となり差別化されたPRができるのです。エコアクション21は、二酸化炭素や廃棄物の削減、水の保全、化学物質の管理等を目標にしていますが、これそのものが自然資本の維持活動ということになります。その活動を目標達成手段として日常の業務改善項目に記載していれば日常業務そのものが自然資本の維持活動に繋がります。

　最近は生物多様性の保全が重要な取組として取り上げられています。中小企業であっても生物多様性に取り組むことが望まれています。しかし、生物多様性とは何かということを知っていなければなりません。要約すると生物多様性の取組は3つあって、まずは生態系の多様性（保全）です。生態系という概念は、山、川、海、森林、草原、湿地などの個々の自然環境とそこに住む生物すべてをセットにしたものと考えればわかると思います。また、個々の自然の連続性（例えば、山から海まで連続した自然となっている）も重要な要素です。人工物である都市はこの自然の連続性を分断していることに問題があります。次は種の多様性（保全）、最後は遺伝子の多様性（保全）です。これらは、乱獲、外来生物、絶滅危惧種など聞いたことのある言葉が関係しています。これは、主に生態系の中のバランスを保とうとするものです。このバランスを保つことで生態系の中の生物は連鎖しながら生き続けられるのです。都市も1つの生態系で人間中心ですが、さまざまな生物が生息できるように考えることです。重要なことは、都市が自然の生態系を分断したり浸食したりしていることを認識することです。例えば、都会にクマや猿、いのししやシカが出てくる現象です。それでは、中小企業にとってできることは何か。このような地域では自然の生態系と共存できるようにさまざまな取組が実施されています。この取組に協力するのも事業者の生物多

様性の取組となります。例えば、親会社で植林や森林保全を実施しているなら、ここに参画や寄付などで貢献することもできます。

　人間は生物多様性の中で生きている以上、さまざまな恩恵を受けています。農産物、魚介類、木材、水などを与えてくれますし、地域の自然の景観や地域固有の文化を生み出してくれます。最近では自然の仕組みや動植物の形状から技術革新のヒントを得ることもあります。企業にとっても生物多様性の劣化により原材料調達が困難になったり、値上がりしたり、そのようなリスクが目前にきています。生物多様性に関する取組を行うことで企業価値の向上や、消費・投資を呼び込むチャンスにつながります。次の表を参考にエコアクション21の中で活動し、環境経営レポートの中で利害関係者にアピールされることをおすすめします。

生物多様性に 与える負荷	生物多様性に 与える影響	中小企業の取組例
乱獲・過剰消費	種の絶滅や生態系サービスの修復困難な劣化	原材料（木材、水産品、農作物）の調達において使用量の削減、認証商品の取扱い、トレーサビリティの供給先との連携など　（※1）
外来種の移入	在来種への圧迫、本来の生態系の破壊、遺伝子のかく乱、第1次産業への被害	花粉媒介や害虫駆除において外来種の利用を回避 外来種ペットの管理、バラスト水対策 在来品種の商品化、地産地消
土地利用開発に伴う森林伐採、土地改変	生息環境の変化、生息地の分断や焼失	植林、ボランティア、基金寄付 里山再生、山・海・川の清掃や管理・支援・ボランティア ビオトープ設計・環境影響評価、生息代替地の構築（公園、緑地）
化学物質等による汚染	土壌汚染、大気汚染、水質汚濁による生息環境の悪化	生産・加工段階での化学物質、排水、廃棄物の削減や無害化 光（夜間照明等）は、昆虫、植物等への影響 農薬、肥料の削減　（※2）
気候変動	生息環境の劣化、生息地の移動、大規模な絶滅、農産物・漁獲高減産への影響	二酸化炭素排出量の削減（エコアクション21の活動） 工場など緑地の保全、屋上緑化、壁面緑化、グリーンカーテン 品種改良
その他	生物多様性への配慮	ESG投資、環境融資 マイクロプラスチックによる海洋汚染防止のため紙製品、代替品への移行 研究開発（生物模倣、バイオ素材など） 生物多様性を配慮する企業（元請、協力会社など）への協力や支援

※1　生物多様性に配慮した企業の原材料調達推進ガイド（JBIB）を参考に筆者作成
※2　生物多様性に配慮した企業の水管理ガイド（JBIB）を参考に筆者作成

エコアクション21構築支援の オプション

1. エコアクション21の構築支援制度

Q エコアクション21を構築する際の支援制度はありますか。

A エコアクション21を構築していくにあたり、個別にコンサルティングを受ける方法もありますが、複数の事業者・組織とスクール形式で学びながら構築を行う支援プログラムがありますので、お近くのエコアクション21の地域事務局もしくは、中央事務局にお問い合わせください。

解説

ここでは、複数の事業者・組織とスクール形式で学びながら構築を行う構築支援プログラムの説明をします。

① **スクールの全体像**

① 参加費用

無料です。

② スクール（塾）の開設要件

5以上の事業者の参加希望が条件です。

③ スクールの進め方

1) 月に1回のペースでスクールを開催し、必要な取組項目（要求事項）や資料作成の方法をスクールの運営者が解説します。スクールの開催回数は、4〜5回です。

2) 参加者は、解説内容に従って資料を作成します。

3) 作成した資料内容は、次回のスクールで確認しながら、不明点や不足

内容について、アドバイスを受け構築していきます。

④　スクールの運営

エコアクション21の中央事務局・地域事務局・審査員が担当します。

② 自治体イニシアティブ・プログラム（図表1-10）

「自治体イニシアティブ・プログラム」では、自治体の域内の5以上の事業者が一斉にエコアクション21に取り組みます。審査員を講師として、セミナー形式でさまざまなアドバイスが受けられます。

①　主催

自治体が行います。

②　参加方法

自治体が管轄する地域の事業者・組織を対象に、エコアクション21の構築を希望する参加者を募集します。

③ 関係企業グリーン化プログラム（図表1-11）

「関係企業グリーン化プログラム」では、中核となる企業と業務上関係する企業（取引先・子会社等）が一斉に取り組みます。「自治体イニシアティブ・プログラム」と同様にセミナー形式で、プログラム費用は中央事務局が負担します。

①　主催

中核となる企業を中心に取引先や関連企業、グループ企業などの事業者が行います。

②　参加方法

各関係企業から、エコアクション21の構築を希望する参加募集の案内が自組織の各部門を経由して、総務課や環境部門に伝達されます。

目的は、「サプライチェーンマネジメント」の配慮になりますので、主に、調達・購買・仕入部門及び営業・販促部門を経由しての募集となります。

【図表1-10】自治体イニシアティブ・プログラムの仕組み

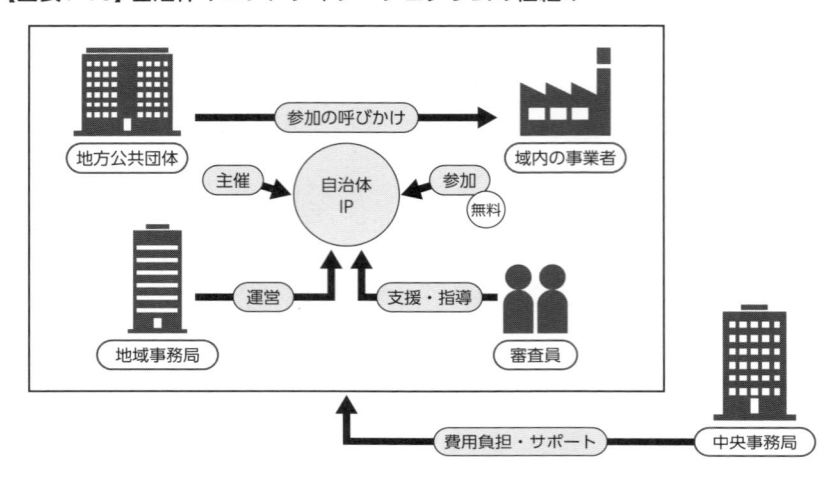

(出典) エコアクション21中央事務局ウェブサイト

【図表1-11】関係企業グリーン化プログラムの仕組み

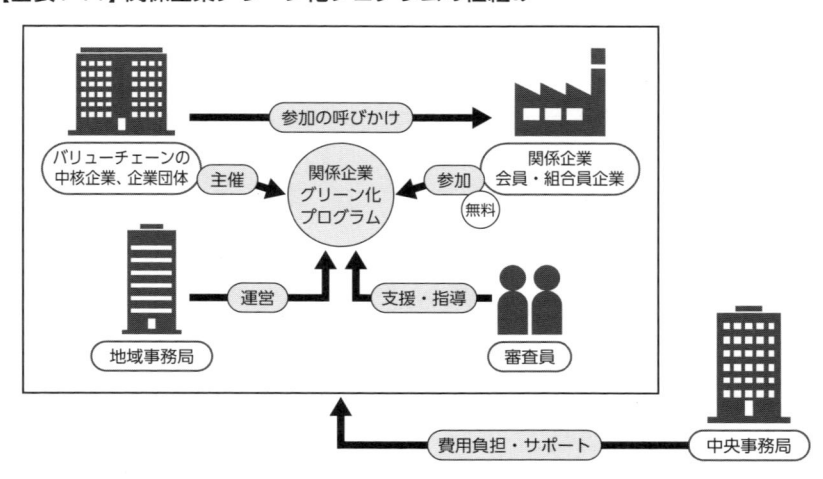

(出典) エコアクション21中央事務局ウェブサイト

2. エコアクション21 CO_2削減プログラム (Eco-CRIP) 補助事業

Q エコアクション21を構築する際の支援制度で、集団研修以外にも支援制度はありますか。

A エコアクション21を構築・運用する際の手段として、環境省の「エコアクション21 CO_2削減プログラム (通称Eco-CRIP (エコ・クリップ))」の活用をおすすめします。

(解 説)

Eco-CRIPは、環境省が策定した環境経営システムである「エコアクション21」のガイドラインをもとに、中小事業者でも無理なく実践できる、二酸化炭素 (CO_2) 削減に特化した環境経営システム構築のためのプログラムです。Eco-CRIP補助事業は、サプライチェーンの重要な構成者である中小事業者のもとに環境経営の専門家である支援相談人を派遣し、環境省が策定した「エコアクション21 CO_2削減プログラム (Eco-CRIP)」の手引きに基づき、中小事業者のCO_2排出量削減活動と、社内における環境経営システム構築を無料で支援します。

① 支援内容

支援相談人によるCO_2排出量削減活動 (省エネ支援) と環境経営システム構築の支援です。

② 訪問回数

３回訪問する形式と５回訪問する形式があります。

③ 対象者

中堅・中小企業を対象としていますが、大企業の方は参加可能かどうかEco-CRIP事務局にお問い合わせください。

④ 参加申込方法

Eco-CRIP事務局にお問い合わせください。

⑤ 注意事項

Eco-CRIPは単年度事業のため、実施状況は環境省あるいはエコアクショ

ン21中央事務局のウェブサイトで確認してください。

　また、事業者の条件によっては、参加できない場合があります。下記を参照ください。

⑥　参加できない事業者

- 現在あるいは過去にエコアクション21、ISO14001等の第三者認証による環境マネジメントシステムの認証を取得している事業者
- 過去にEco-CRIPの戸別訪問による支援を受けたことがある事業者
- 電気使用量等のCO_2排出量の把握に必要なデータを、実測値として把握できない事業者
- 取組及び支援期間中と、取組及び支援期間の前年同期間のCO_2排出量の比較ができない事業者
　ご不明の点はEco-CRIP事務局にお問い合わせください。

Column

環境経営の表彰制度について

―CSR、ESGの強烈な発信で信頼性獲得―

「環境経営」の言葉は、すでに、事業者・組織においては浸透しており、2005年以降はもう一歩先の「CSR経営」へ展開されています。経営においては、環境・社会的な配慮があたり前となっています。

その浸透に一役買ったのは、各種の表彰や調査制度です。事業者は、環境省の「環境コミュニケーション大賞」、「環境人づくり企業大賞」、フジサンケイグループの「地球環境大賞」、日経BP社の「環境ブランド調査」などに向けて、企業活動を促進し、環境報告書及びCSRレポートなどで自社の活動内容を情報発信し、企業価値の向上を図っています。各種の表彰制度で選ばれると、全国媒体などで掲載されますので、広告費をかけることなく、自社のPRができます。

特に、エコアクション21の認証取得事業者は、環境省の2つの表彰制度を活用しています。ぜひ、認証取得だけでなく、自社のPRツールとして表彰制度を活用してください。

① 環境コミュニケーション大賞

平成9年度より開始された環境省主催の表彰制度であり、平成29年度で21回目となります。エコアクション21の環境活動レポート（現在は環境経営レポート）の表彰制度が追加されたのは、平成16年度の第8回からで、各社の活動を環境だけでなく、事業活動と組みあわせた創意工夫のレポートが多数表彰されています。

特に、優れた環境経営レポートは、第3章で紹介しています。

○募集概要

- 募集期間：毎年10月〜11月上旬
- 応募方法：申込書、環境経営レポートを印刷して送付
- 結果発表：翌年2月上旬
- 表　彰　式：翌年2月頃

② 環境人づくり企業大賞

　平成26年度より開始され、平成29年度で4回目となる比較的新しい表彰制度で、別名「環境人材育成に関する先進企業表彰」です。地球環境と調和した企業経営を実現するため、環境保全や社会経済のグリーン化を牽引する人材、すなわち環境人材を自社で育成するための優良な取組を行う企業を表彰しています。

○募集概要

- 募集期間：毎年9月〜11月
- 応募方法：応募書類をメールで提出
- 結果発表：翌年3月
- 表　彰　式：翌年5月頃

※参考情報

　上記2つ以外の表彰・調査制度の開始について、地球環境大賞は平成4年に開始され27回を迎え、環境ブランド調査は平成30年には19回目となっており、平成12年に表彰・調査制度が開始されています。

第 2 章

エコアクション21のガイドラインの理解と構築のための様式集

認証取得のためにはガイドラインの要求事項に適合していることが必要です。

本章では「エコアクション21ガイドライン（2017年版）」（以下、「エコアクション21ガイドライン」）の説明をQ&A形式でわかりやすく行うとともに、構築・運用するために必要な文書類の作成の方法について様式のサンプルを示しながら説明します。

様式はガイドラインで規定していませんので、考え方を理解していただき、自社に見あった内容にアレンジしてお使いください。

なお、様式集はエコアクション21の構築支援や環境経営の効果的な運用において筆者が事業者に提供している様式をサンプルとして紹介しています。本書で掲載しきれない様式もありますので、ぜひ、そちらも活用してください（詳細は巻末に掲載しています）。

エコアクション21
ガイドラインの説明

エコアクション21ガイドラインのポイント

　エコアクション21ガイドラインでは、構築、運用、維持に関する14の要求事項を定めています。14の要求事項は、図表2-1のとおり、計画の策定（Plan）、計画の実施（Do）、取組状況の確認及び評価（Check）、及び全体の評価と見直し（Act）の4つの段階に区分されます。

　ガイドラインは環境省が定めた「要求事項」と「解説」及びエコアクション21中央事務局が定めた「解釈」から成り立っています。

① 　要求事項

　要求事項そのもので、認証取得のためにはこれらを満たすことが必要です。

② 　解説

　要求事項を解説したもので、要求事項と同等と見なします。

③ 　解釈

　考え方、事例を示しており、ガイドラインの要求事項を補足するものです。

　ガイドラインは次の業種向けがあります。

- 一般事業者向け
- 建設業者向け
- 産業廃棄物処理業者向け（廃棄物処理事業者、リサイクル事業者）
- 食品関連事業者向け（食品リサイクル法で規定する事業者）
- 大学等高等教育機関向け
- 地方公共団体向け

　主となる事業の他に建設業、廃棄物処理業、食品関連業を営んでいれば、それぞれのガイドラインが適用されますので、業種別ガイドラインに横出し

【図表2-1】エコアクション21ガイドラインの構成

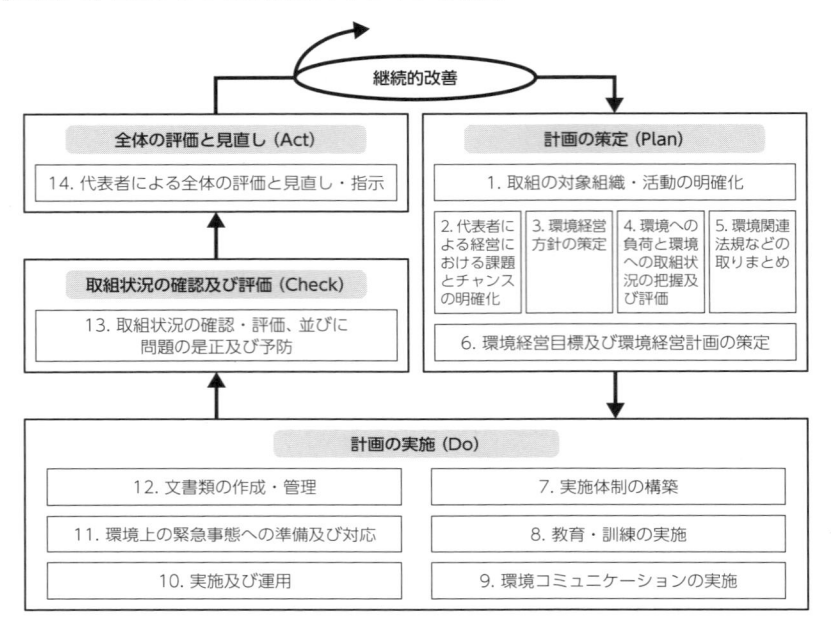

（出典）環境省「エコアクション21ガイドライン（2017年版）」P.5の図をもとに筆者が作成

された要求事項を追加してください。

　それではガイドラインの説明を進めましょう。

　各項目のQ&Aでは、構築や運用でよくある質問に対してわかりやすく説明しています。

　様式集ではガイドラインに対応した文書類（記録を含む）のサンプルと使い方を説明しています。

Ⅰ 計画の策定 (Plan)

　計画の策定 (Plan) の段階のガイドラインには下記のものがあります。

要求事項 1. 取組の対象組織・活動の明確化

要求事項 2. 代表者による経営における課題とチャンスの明確化

要求事項 3. 環境経営方針の策定

要求事項 4. 環境への負荷と環境への取組状況の把握及び評価

要求事項 5. 環境関連法規などの取りまとめ

要求事項 6. 環境経営目標及び環境経営計画の策定

要求事項 1. 取組の対象組織・活動の明確化

〔ガイドライン要求事項〕

(1)　組織は、原則として全組織・全活動 (事業活動及び製品・サービス) を対象としてエコアクション21に取り組み、環境経営システムを構築、運用、維持する。

(2)　認証・登録に当たっては、対象組織及び活動を明確にする。

Q1　**全組織を対象としないといけないのでしょうか。**

A　全組織・全活動及びその全従業員を対象とし、全社的に取り組むことを原則としています。ただし、段階的認証、サイト認証の条件にあてはまる場合には、組織の一部を対象範囲とすることができます。なお、この場合でも環境負荷の大きな活動を除外するなどの行為 (いわゆる認証のいいとこ取り＝カフェテリア認証) は認められません。

Q2　**段階的認証とはどのようなものでしょうか。**

A 　事業所や工場が複数存在する場合など、規模が比較的大きい事業者については、環境負荷が比較的大きいサイト（拠点）から取組を始め、その後、段階的に対象範囲を拡大することも可能です。この場合は環境経営レポートに認証取得するサイトの拡大のスケジュールを記載します。最初の登録から4年以内に全組織に拡大できない場合はサイト認証となります。

Q3 サイト認証とはどのようなものでしょうか。

A 　事業所の独立性が高いなど一定の条件を満たす場合は、サイト認証が認められています。この場合はあらかじめエコアクション21中央事務局に相談してください。サイト認証の場合は、サイト内の全組織・全活動及びその全従業員を対象とし、独立した環境経営システムでPDCAサイクルを回します。

（様式説明）

■様式1-01　組織の概要、認証・登録の対象組織・活動

　ここでは、環境経営レポートの組織の概要、認証・登録の対象組織・活動を明確化します。独立した単独の書類としてもかまいません。

① 　組織の概要（事業者名、所在地、事業の概要、事業規模など）

　段階的認証、サイト認証の場合であっても組織全体の情報を記載します。

　事業の規模の売上は生産高（個数、重量など）、入場者数（施設の入館者など）、販売台数、取扱台数などでもかまいません。従業員数には役員、派遣社員、アルバイト等も含めて記載します。

　産業廃棄物処理業者向けガイドラインでは情報公表項目を規定していますので、業種別ガイドラインを参考にしてください。

② 　対象範囲（認証・登録範囲）

　認証登録の対象のサイト（場所）と事業活動を記載します。登録証に記載される内容になります。同じ場所にある本社と工場は本社・工場と「・」でつないで記載することになっています。無人の倉庫なども事業活動をしてい

【様式1-01】組織の概要、認証・登録の対象組織・活動

□組織の概要　　　　　　　　　　　　　更新日： 2018年4月1日
（1）名称及び代表者名
　　ABC株式会社
　　代表取締役社長　〇〇　〇〇

（2）所在地
　　本　　社　　　〇〇県〇〇市〇〇区〇〇丁目〇番〇号
　　〇〇工場　　　〇〇県〇〇市〇〇区〇〇丁目〇番〇号
　　〇〇支店　　　〇〇県〇〇市〇〇区〇〇丁目〇番〇号
　　△△倉庫　　　〇〇県〇〇市〇〇区〇〇丁目〇番〇号
　　□□工場　　　〇〇県〇〇市〇〇区〇〇丁目〇番〇号

（3）環境管理責任者氏名及び担当者連絡先
　　責任者　　　　　〇〇部長　　〇〇　〇〇　　TEL：＊＊－＊＊＊＊－＊＊＊＊
　　担当者　　　　　〇〇部　　　〇〇　〇〇　　TEL：＊＊－＊＊＊＊－＊＊＊＊

（4）事業内容
　　〇〇の製造

（5）事業の規模
　　売上高　　　　　　〇〇〇〇 万円

	本　社	〇〇工場	〇〇支店	△△倉庫	合　計
従業員　　　　名	〇〇 名	〇〇 名	〇〇 名	〇〇 名	〇〇〇
延べ床面積　　㎡	〇〇 ㎡	〇〇 ㎡	〇〇 ㎡	〇〇 ㎡	〇〇〇

（6）事業年度　　　　　　　4 月　1 日 〜 3 月 31 日

□認証・登録の対象組織・活動
　　登録組織名：　　　　ABC株式会社
　　対象事業所：　　　　本　　社
　　　　　　　　　　　　〇〇工場
　　　　　　　　　　　　〇〇支店
　　　　　　　　　　　　△△倉庫
　　対象外：　　　　　　□□工場　　　　2020年までに認証取得
　　活動：　　　　　　　〇〇の製造

□事業や製品（商品）の紹介

　　　　　　　　　　・主な事業の紹介
　　　　　　　　　　・商品の紹介
　　　　　　　　　　・サービスの紹介
　　　　　　　　　　などを載せる

　　　　　　　　　　空きスペースは商品紹介、従業員の紹介、
　　　　　　　　　　取組の紹介などに活用する

れば対象範囲に含めます。

　対象外のサイトがあり、段階的認証取得する場合は拡大取得するスケジュールを記載します。この場合、最初の登録時期から4年以内とします。4年以内に拡大取得できない場合はサイト認証となります。初めから全組織とはせずにサイト認証とする場合は、その旨を記載します。

要求事項 2. 代表者による経営における課題とチャンスの明確化

ガイドライン要求事項

(1) 代表者は、経営における課題とチャンスを整理し、明確にする。

(2) 整理と明確化に当たっては、以下の事項を考慮する。

- 事業内容
- 事業を取り巻く状況
- 事業と環境とのかかわり

Q1 課題とチャンスの整理、明確化は何のために行うのですか。

A エコアクション21は環境経営を推進するものですので、環境と経営を一体化することが求められます。このためには代表者が考える課題やチャンスを環境経営方針や環境経営目標に反映させる必要があります。この考え方を部門の課題とチャンス、一人ひとりの課題とチャンスと置き換えて、エコアクション21の仕組みに盛り込んで取り組むとよいでしょう。目に見える成果につながります。

Q2 文書化は必要ですか。

A 方針や目標を策定するための重要な要求事項ですが、文書化は要求されていません。エコアクション21の審査員が現地審査の代表者インタビューで訪問して、審査報告書にまとめることになっています。しかしながら、重要なところなので、ぜひ、SWOT分析(後述)や課題とチャンスの整理表などにまとめてみてください。

Q3 いつ実施すればよいですか。

A 事業を取り巻く経営環境は常に変化しますので、年に一度の代表者による見直し・指示にあわせて実施するとよいでしょう。

Q4 課題とチャンスを明確にした後に何をすればよいですか。

A 比較的中長期のものは環境経営方針（要求事項3.）に、　短期のものは環境経営目標（要求事項6.）に、それぞれ可能な範囲で反映させます。

(様式説明)

■様式2-01　課題とチャンスの整理表

　要求事項ではありませんが、2つの手法を示します。どちらか整理しやすい方法で選択してください。

① 　SWOT分析

　内部の強み（Strengths）、弱み（Weaknesses）、外部の機会（Opportunities）、脅威（Threats）を整理する方法です。

② 　課題とチャンスの整理表

　内部の課題とチャンス、外部の課題とチャンスを整理する方法です。

　課題には、今まで気がつかなかった、対策をやっていなかった、できないと諦めていたことなどがあります。

　チャンスには、課題を改善・解決することで得られるものや新たに生じる機会などがあります。

　「エコアクション21ガイドライン」の解釈に事例が載っているので参考にしてください。

③ 　環境経営方針・環境経営目標

　環境経営方針に、課題を改善・解決する方針やチャンスを活かす方針を盛り込みます。以下に一例を示します。直接、環境に結び付かないことでも、間接的に環境保全に貢献することも多くありますので、代表者が考えていること、こうありたいと思っていることを盛り込んでください。

【様式2-01】課題とチャンスの整理表

課　題	環境経営方針
コスト増による収益の圧迫	エネルギー使用量の削減による二酸化炭素削減とコストダウン
求人をしても来てくれない	環境経営レポートを活用した情報発信
改善活動の停滞	改善活動による環境負荷低減の推進
不良品やクレームが多い	不良品対策による廃棄物の削減

チャンス	環境経営方針
国による温暖化緩和策（温暖化の進行を遅らせる対策（省エネ等））の推進	省エネ性能の高い製品や部品の開発・販売促進
「気候変動適応法」の施行で適応関連ニーズの高まり	防災機器の提供によるレジリエンスな社会（あらゆる災害に強靭に対応できる社会）に貢献
プラスチックによる海洋汚染対策関連ニーズの高まり	新素材による製品開発・販売促進
少子高齢化	高齢者向けサービスの提供

④　環境経営目標

　環境経営方針に盛り込んだことや課題とチャンスの整理から導き出された
ことを環境経営目標に落とし込みます。

要求事項 3. 環境経営方針の策定

ガイドライン要求事項

(1) 代表者は、環境経営に関する方針（環境経営方針）を定め、誓約する。

(2) 環境経営方針は、次の内容を満たすものとする。
- 企業理念及び事業活動と整合させる
- 経営における課題とチャンスを踏まえる
- 環境への取組の重点分野を明確にする
- 環境経営の継続的改善を誓約する
- 適用される環境関連法規などの遵守を誓約する
- 環境経営方針には、制定日（又は改定日）及び代表者名を記載する

(3) 環境経営方針は、全従業員に周知する。

Q1 経営における課題とチャンスを踏まえるとはどのようなことですか。

A 「要求事項2. 代表者による経営における課題とチャンスの明確化」で整理し、導き出した課題を解決・改善するための取組やチャンスを活かすための取組の基本的な方向を方針に盛り込みます。

Q2 環境への取組の重点分野を明確にするとはどのようなことですか。

A 事業活動を踏まえ、環境上重要と考えられる取組を記載します。

Q3 環境への取組の重点分野にはどのようなものがありますか。

A エコアクション21の取組で必須となっている二酸化炭素排出量の削減（省エネ、再生エネルギー利用など）、廃棄物排出量削減（事業

活動に伴う廃棄物の発生抑制、再使用、再資源化（3R）など）、水使用量の削減（工程で使用する水の使用量削減、再利用など）、化学物質の削減（有害性のある化学物質の使用量削減、代替物質への切り替え、適正管理など）、製品・サービスへの取組（環境に貢献する製品の開発・製造・販売、環境性能向上のための改善、利用者の環境負荷を増やさないための不良品の削減、顧客の環境意識向上など）があります。環境経営方針で宣言したことは環境経営目標・環境経営計画に展開し、実行することになります。

Q4 環境経営の継続的改善を誓約するとはどのようなことですか。

A 「環境経営の継続的改善を実施する」などと記載し、継続的に環境経営をステップアップすることを誓約します。「継続的改善」の文言をそのまま使用しなくとも継続的改善が読み取れる表現であればかまいません。

Q5 環境への負荷の低減に配慮した製品やサービスを優先的に購入するグリーン購入に関する項目はなくてもよいのですか。

A ガイドライン2009年版では取組の必須項目となっていましたが、2017年版では必須ではなくなりました。しかしながら、循環型社会構築には環境ラベルが入った商品を選択することが重要となりますし、環境負荷低減には環境性能の高いものを選択することがポイントとなりますので、必要に応じて盛り込んでください。

Q6 適用される環境関連法規などの遵守を誓約するとはどのようなことですか。

A 「環境関連法規などを遵守する」、「環境関連法規や当社が約束したことを遵守します」などと記載し、社会に法規等の遵守を誓約することで、企業価値を高めることになります。

Q7 環境経営方針には、制定日（又は改定日）及び代表者名を記載するとはどのようなことですか。

A 環境経営方針には制定日を記載しますが、改定した場合は改定日も記載します。改定のタイミングはいつでもかまいません。また、「要求事項14. 代表者による全体の評価と見直し・指示」で定期的に見直しをすることになりますので、その機会に見直して、よりよい方針にすることをおすすめします。なお、代表者名は活字でかまいませんが、自筆の署名にするとよいでしょう。

Q8 環境経営方針を全従業員に周知するとは具体的にはどのようなことですか。

A 周知の方法は、掲示板に掲載する、目立つところに貼る、方針を記載したカードを渡す、朝礼で唱和するなどの方法があります。エコアクション21の審査では従業員へのインタビューを行うことで理解しているかどうか確認します。

（様式説明）

■様式3-01 環境経営方針

　ここでは、環境経営レポートの環境経営方針を策定します。独立した単独の書類としてもかまいません。

　エコアクション21中央事務局のウェブサイトに掲載されている環境経営レポートに環境経営方針が記載されていますので参考にしてください。

環境経営方針

＜環境経営理念＞

　私たちは、ますます深刻化する地球温暖化や、今後予想される地下資源の枯渇への対応が人類共通の重要課題との認識に立ち、本業である〇〇の生産を通じて、地球温暖化問題への取り組みや地域の環境活動に自主的・積極的に取り組みます。
　安全で安心していただける商品を効率よく、無駄なく、タイムリーにお客様に提供することが当社の一番の環境対策と考えて、従業員一丸となって継続的に改善活動に取り組んでまいります。

＜環境保全への行動指針＞

１．環境関連法規制や当社が約束したことを遵守します。

２．創意工夫による省エネルギーにより二酸化炭素排出量の削減に努めます。

３．廃棄ロスをなくす等廃棄物の発生抑制につとめ、食品リサイクル率の向上に努めます。

４．適正な利用により水使用量の削減に努めます。

５．洗浄剤や殺菌剤などの適正管理に努めます。

６．安心で安全な商品を効率よくタイムリーにお客様にお届けします。

７．地域や関係団体の環境活動に積極的に参加します。

代表者の
写真を入れる

制定日 ： 2018年4月1日

代表取締役社長　　環境太郎

要求事項 4. 環境への負荷と環境への取組状況の把握及び評価

ガイドライン要求事項

(1) 対象範囲における事業活動に伴う環境負荷を「環境への負荷の自己チェック（第4章）」を基に把握し、環境に大きな影響を与えている環境負荷及びその原因となる活動を特定する。環境負荷のうち以下の項目を把握する。
- 二酸化炭素排出量
- 廃棄物排出量
- 水使用量
- 化学物質使用量

(2) 初回登録時には、事業活動における環境への取組状況を「環境への取組の自己チェック（第5章）」を基に把握する。把握項目には、自社が提供する製品・サービスなどを含む。

Q1 様式は「エコアクション21ガイドライン」の第4章「環境への負荷の自己チェック表」を用いなければいけないのでしょうか。

A 例として示されたもので、個々の事業者の状況に応じて、項目、二酸化炭素排出係数、単位などについて必要に応じて修正することができます。様式では、独自にアレンジした「負荷記録表」と「取組の自己チェック表」を用意しています。

Q2 環境に大きな影響を与えている環境負荷及びその原因となる活動を特定するとはどのようなことですか。

A 自組織にとって重要と考えられる環境負荷について、環境経営目標を設定する項目や維持管理する項目を選ぶことです。

Q3 電力における二酸化炭素排出係数はどのように用いればよいでしょうか。

A 国が公表する電気事業者ごとの調整後の排出係数を用います。毎年12月に新たな係数が公表されますが、原則として一定期間（中長期の目標設定期間など）固定とし、環境経営目標の管理や経年比較が可能となるようにします。電力会社を変更した場合には、区切りのよい時点で係数を変更するとよいでしょう。サイト（拠点）によって異なる係数がある場合、サイトごとの係数を用いますが、社内事情で同じ係数を用いる場合はその旨を環境経営レポートに記載してください。

Q4 化学物質はすべて把握しなければいけないのですか。

A 原則として化学物質排出把握管理促進法のPRTR制度対象物質を、製造、加工、修理等の工程で使用している場合や原材料等で使用する事業者は把握する必要があります。分析、検査等で少量の試薬類を使用する場合は量の把握まではしなくてもかまいませんが、化学物質を安全に取扱うための危険有害性情報を記載した「安全データシート」いわゆるSDSを取り寄せて適正管理を行います。PRTR制度対象物質以外は必要に応じて把握してください。

Q5 売上等の数値も把握が必要ですか。

A 生産量、従業員数、床面積等が増えると使用するエネルギーや排出される廃棄物などが増加します。このような場合には、総量を売上高、生産量、販売量、床面積、従業員数、労働時間数、来場者数などで割り算した環境効率指標などの原単位を把握することが重要になりますので、必ず把握してください。この原単位指標は自社の経営資料に用いるほか、エコアクション21中央事務局が把握する認証取得事業者のデータとしても活用されます。

Q6 二酸化炭素排出量、廃棄物排出量、水使用量、化学物質使用量以外について、把握は不要ですか。

A 必須項目ではありませんので、把握しなくてもかまいませんが、事業におけるインプットとアウトプットを把握することで、どのような物質をどれだけ使って、製品をどれだけできたかなど、経営効率を示す経営指標がわかりますので、必要に応じて把握してください。

Q7 エコアクション21に取り組む際に何をしたらよいかわかりません。

A 「エコアクション21ガイドライン」の「環境への取組の自己チェック（第5章）」にはエコアクション21に取り組む際に何をしたらよいかのヒントが多く盛り込まれています。環境経営目標の達成手段を検討する際に「環境への取組の自己チェック表」を参考にしてください。ガイドラ

【図表2-2】事業活動と環境への取組の自己チェック表の項目

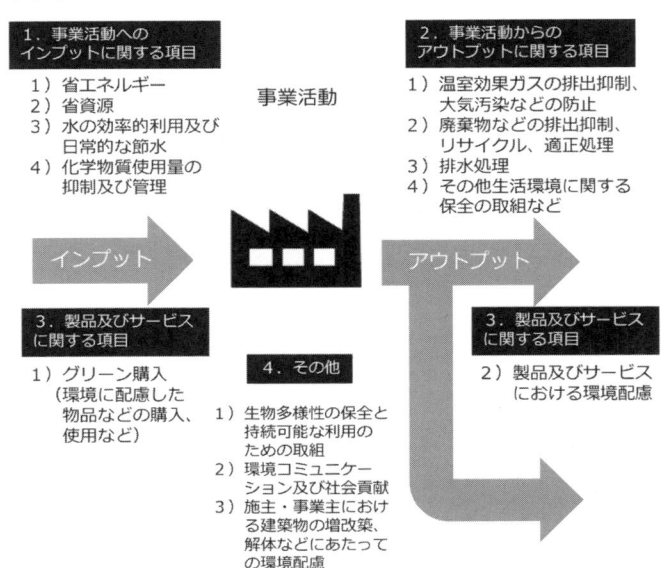

（出典）環境省「エコアクション21ガイドライン（2017年版）」P.51

インには、図表2-2に示す「事業活動と環境への取組の自己チェック表の項目」が整理されています。

Q8 「環境への取組の自己チェック（第5章）」は初回のみ実施すればよいのですか。

A 初回は必須で、その後は、毎年度の環境経営目標策定時に目標達成手段を検討する際や、目標未達成時に挽回策を検討する際に活用してください。自社にとって有効な取組のヒントが盛り込まれています。

Q9 「環境への取組の自己チェック表」に書かれていることが自社に有効かどうかわかりません。

A エコアクション21の審査の際に審査員に聞いてみてください。審査員は不備な点を指摘するだけでなく、目標達成に有効な取組について助言をすることになっていますので、審査員をアドバイザーと思って、有効活用してください。

Q10 業種別ガイドラインで把握が求められている項目はありますか。

A 次のような項目があります。詳しくは業種別ガイドラインをご覧ください。

- 建設業者：生コンクリートやアスファルト・コンクリート、木材、鉄筋、土砂等の主な資源等の積算段階での量、建設副産物の量
- 廃棄物処理業者：受託した産業廃棄物の運搬量、処分量、その再資源化量、最終処分量等
- 食品関連事業者：食品廃棄物等の発生量及び食品循環資源再生利用等実施率

Q11 業種別ガイドラインにはどのような取組項目が追加されているのでしょうか。

一般事業者向けガイドラインの取組項目にさらに次のような項目が追加されています。詳しくは業種別ガイドラインをご覧ください。

- 建設業者：建設業に関する取組
- 廃棄物処理業者：廃棄物処理に関する取組
- 食品関連事業者：食品リサイクル等に関する取組

（様式説明）

■様式4-01　環境への負荷の自己チェック表（補助資料）

① 負荷記録表

ガイドラインを参考にコンパクトにまとめました。必要に応じて項目を追加し、不要項目を削除して使用してください。この表に記入したデータは負荷の自己チェック表、環境経営計画書、環境経営レポートに転記されます。

② 基準年度

取組開始時は前年度のデータを記入します。その後は基準とする年度のデータを記入します。

③ 売上（環境負荷に係る項目）

売上高、生産量、販売量、床面積、従業員数、労働時間数、来場者数などを記入します。このデータで割り算した環境効率指標などの原単位を把握することが重要になりますので、必ず把握してください。この原単位指標は自社の経営資料に用いるほか、エコアクション21中央事務局が把握する認証取得事業者のデータとしても活用されます。

■様式4-02　環境への負荷の自己チェック表

ガイドラインの表をアレンジしています。使いやすいように工夫して使用してください。

「特定した環境負荷」欄には、環境経営目標に設定する項目や維持管理する項目に〇を入れます。

■様式4-03　環境への取組の自己チェック表

　ガイドラインの表をアレンジしています。従業員からのアイデアを追加し、自組織に不要な項目は削除あるいは非表示するなど、自社のノウハウ集として活用しましょう。

【様式4-01】 環境への負荷の自己チェック表 （補助資料）

環境負荷記録表（記入例）　　　　様式更新日：2018年11月9日

□売上高・生産高・総費用　　　　事業年度を自社の期初〜期末月に変更する　　　基準年度と今期のデータを入力

指標		単位	4月	5月	6月	7月	8月	9月	10月	11月	12月	1月	2月	3月	合計
売上高	2017年	千円	1,000	1,000	1,000	1,000	1,000	1,000	1,000	1,000	1,000	1,000	1,000	1,000	12,000
	累計		1,000	2,000	3,000	4,000	5,000	6,000	7,000	8,000	9,000	10,000	11,000	12,000	
	今期		1,100	1,100	1,100	1,100	1,100	1,100	1,100	1,100	1,100	1,100	1,100	1,100	13,200
	累計		1,100	2,200	3,300	4,400	5,500	6,600	7,700	8,800	9,900	11,000	12,100	13,200	
費用	基準年	千円													0
	今期														0

□エネルギー使用量

		単位	4月	5月	6月	7月	8月	9月	10月	11月	12月	1月	2月	3月	合計	原単位		
電力	2017年（基準年）	kWh / 円	500	600	700	1,000	1,200	1,000	600	800	1,000	1,000	1,000	700	10,100 / 0	0.84 kWh/千円 / 0.0 円/kWh	0.41 kg-CO2/千円
二酸化炭素排出係数 0.493	今期	kWh / 円	550	610	700	1,000	1,150	950	800						5,760 / 0	0.44 kWh/千円 / 0.0 円/kWh	0.22 kg-CO2/千円
都市ガス	2017年（基準年）	㎥ / 円	500	520	530	550	600	600	600	600	600	600	600	600	6,900 / 0	0.58 ㎥/千円 / 0.0 円/㎥	1.212347 kg-CO2/千円
二酸化炭素排出係数 2.10843	今期	㎥ / 円	490	500	510	540	580	550	550						3,720 / 0	0.28 ㎥/千円 / 0.0 円/㎥	0.59 kg-CO2/千円
LPG	2017年（基準年）	kg / 円													0 / 0	0.00 kg/千円 / 円/kg	0.00 kg-CO2/千円
二酸化炭素排出係数 3.00196	今期	kg / 円													0 / 0	0.00 kg/千円 / 円/kg	0.00 kg-CO2/千円
LNG	2017年（基準年）	kg / 円													0 / 0	0.00 kg/千円 / 円/kg	0 kg-CO2/千円
二酸化炭素排出係数 2.6923	今期	kg / 円													0 / 0	0.00 kg/千円 / 円/kg	
ガソリン	2017年（基準年）	L / 円	100	100	100	100	100	100	100	100	100	100	100	100	1,200 / 0	0.10 L/千円 / 0.0 円/L	0.23 kg-CO2/千円
二酸化炭素排出係数 2.32166	今期	L / 円	90	90	90	90	90	90	90						630 / 0	0.05 L/千円 / 0.0 円/L	0.11 kg-CO2/千円
軽油	2017年（基準年）	L / 円	200	200	200	200	200	200	200	200	200	200	200	200	2,400 / 0	0.20 L/千円 / 0.0 円/L	0.464332 kg-CO2/千円
二酸化炭素排出係数 2.32166	今期	L / 円	150	150	150	150	150	150	150						1,050 / 0	0.08 L/千円 / 0.0 円/L	0.18 kg-CO2/千円
A重油	2017年（基準年）	L / 円													0 / 0	0.00 L/千円 / 円/L	0 kg-CO2/千円
二酸化炭素排出係数 2.70963	今期	L / 円													0 / 0	0.00 L/千円 / 円/L	0.00 kg-CO2/千円
灯油	2017年（基準年）	L / 円													0 / 0	0.00 L/千円 / 円/L	0.00 kg-CO2/千円
二酸化炭素排出係数	今期	L													0	0.00 L	0.00 kg-CO2

51

【様式4-02】 環境への負荷の自己チェック表

環境への負荷の自己チェック表

毎年事業年度終了後にとりまとめ

把握期間(事業年度)： 2018 年4月1日 ～ 2019 年3月31日

□事業の規模（記入例）

活動規模	単位	2016年	2017年	2018年
売上高	百万円	101	111	
従業員	人	15	17	
床面積	㎡	1,600	1,600	

作成日： 2018年6月16日
更新日：
実施者名： ＊ ＊ ＊ ＊
保管： 環境事務局

□環境への負荷の状況 （取りまとめ表）（記入例） （自動計算）

	環境への負荷		単位	2016年	2017年	2018年	特定した環境負荷	特定した活動
アウトプット	① 温室効果ガス排出量							
	二酸化炭素排出量	合計	Kg-CO2	30,901	28,612	20,934		
	電力		Kg-CO2	5,378	4,979	3,283	○	電力使用による二酸化炭素の発生
	購入電力		kWh	10,908	10,100	6,660		
	電力の二酸化炭素排出係数(調整後)		Kg-CO2/kWh	0.532	0.493	0.493		
	化石燃料		Kg-CO2	25,523	23,633	17,651		
	灯油		Kg-CO2	0	0	0		
	A重油		Kg-CO2	0	0	0		
	都市ガス		Kg-CO2	15,712	14,548	13,642		
	液化天然ガス(LNG)		Kg-CO2	0	0	0		
	液化石油ガス(LPG)		Kg-CO2	0	0	0		
	ガソリン		Kg-CO2	3,009	2,786	1,254	○	自動車使用による二酸化炭素の発生
	軽油		Kg-CO2	6,802	6,298	2,756		
			Kg-CO2				○	自動車使用による二酸化炭素の発生
			Kg-CO2					
	② 廃棄物等総排出量及び廃棄物最終処分量							
	一般廃棄物	小計	t	1,296	1,200	540		
	再資源化量		t	0	0	0		
	廃棄物焼却量		t	1,296	1,200	540	○	一般廃棄物の排出
	最終処分（埋立）量		t	0	0	0		
	再資源化率		%	0%	0%	0%		
	産業廃棄物	小計	t	25,920	24,000	0		
	再資源化量		t	0	0	0		
	廃棄物焼却量		t	25,920	24,000	0	○	産業廃棄物の排出
	最終処分（埋立）量		t	0	0	0		
	再資源化率		%	0%	0%			
	内、食品廃棄物							
	発生量			0	0	230		
	発生抑制量			0	0	40		
	再利用量			0	0	100		
	熱回収量			0	0	0		
	減量量			0	0	10		
	再生利用以外の量			0	0	0		
	廃棄物処理量			0	0	120		
	再生利用等実施率				#DIV/0!	56%	○	食品廃棄物の再資源化
	③ 総排水量及び水使用量							
	# 総排水量	合計	㎥	1,296	1,200	540		
	公共用水域		㎥	0	0	0		
	下水道		㎥	1,296	1,200	540		
	公共用水域		㎥	0	0	0		
	# 水使用量	合計	㎥	1,296	1,200	540		
	上水		㎥	1,296	1,200	540	○	水道水の使用
	工業用水		㎥	0	0	0		
	地下水		㎥	0	0	0		
インプット	④ 化学物質使用量							
	トルエン		kg	227	210	210	○	PRTR物質の使用
	0		kg	0	0	0		
	⑤ エネルギー使用量	合計	MJ	583,635	540,403	413,593		
	購入電力（新エネルギーを除く）		MJ	107,226	99,283	65,468		
	化石燃料		MJ	476,410	441,120	348,125		
	新エネルギー		MJ	0	0	0		
	その他							

【様式4-03】環境への取組の自己チェック表

環境への取組の自己チェック表

更新日	2018年7月22日
実施者	
保管	環境事務局
初期調査	全項目実施
以降	環境活動計画策定・見直し時に実施

・環境経営計画を策定時に実施
・目標の未達成が想定される場合に見直し環境経営計画の追加策に役立てる
・独自の取組があれば空欄に追加する（自社用にアレンジする）
・明らかに関連しない項目は行を非表示するか削除し、整理する
・「関連有無」の欄：自社にとって関連する（しそうな）取組については左の欄に「1」を入力（関連する取組についてのみ）
・「重要度」の欄：環境経営に「著しい」効果がある「3」、かなり効果がある「2」、多少効果がある「1」を入力
・「取組」の欄：既に取組んでいる「2」、さらに取組が必要「1」、取組んでいない「0」を入力
・「取組項目」の欄：重要性及び技術力、経済性を評価し今期に取組ものに◎か〇、今後取組を検討するものに△を入力し、◎については環境経営計画の今期の目標達成手段欄に、△については中期計画の欄に記載する等活用する

	現在	満点
総合結果	92	222
前年度結果		
前々度結果		

１．事業活動動へのインプットに関する項目 （記入例）

大項目結果	40	106

（1）省エネルギー
①設備機器等におけるエネルギー節約 （日常）

中項目結果	26	60

関連有無	具体的な取組	重要度(A) 3,2,1	取組 (B)	評価点	取組項目
	工程間の仕掛かり削減、ラインの並列化や部分統合等により生産工程の待機時間を短縮している	3	1	3	◎
1	前処理・前加工・予熱等を合理化することにより、生産工程の時間を短縮している	3	0	0	△
1	事務室、工場等の照明は、昼休み、残業時等不必要なものは消灯している	2	2	4	◎
1	ロッカー室や倉庫、使用頻度が低いトイレ等の照明は、普段は消灯し、使用時のみ点灯している	2	0	0	◎
1	パソコン、コピー機等のOA機器は、省電力設定にしている	1	2	2	〇
1	夜間、休日は、パソコン、プリンターの主電源を切っている	1	0	0	〇
	エレベーターの使用を控え、階段を使用するよう努めている				―
1	空調の適温化（冷房28℃程度、暖房20℃程度）を徹底している（※）	3	1	3	◎
	空調を必要な区域・時間に限定して使用している				
	人感センサー管理を設定している				
	間引き照明を実施している				
1	使用していない部屋の空調は停止している	3	2	6	〇
	ブラインドやカーテンの利用等により、熱の出入りを調節している			0	
1	夏季における軽装（クールビズ）、冬季における重ね着など服装の工夫（ウォームビズ）をして、冷暖房の使用を抑えている	2	2	4	〇
	達成時期を定めた具体的な数値目標を設定している				
1	ゴーヤ、アサガオ等を植えて窓からの日射の侵入を防いでいる			0	
	すだれや庇の取り付けで窓からの日射を防いでいる				
	空調機の屋外機にヨシズや遮熱シートを取り付けている				
	窓に断熱シート（プチプチマット等）を貼付け、熱のロスを防いでいる				
	屋上にさつまいもを植えて屋上緑化をしている				
	デマンド監視を実施している				
	ピークシフトを実施している				
	空調：外気浸入による熱損失を防ぐ処置をしている				
	空調：外気利用などで効率の良い運転をしている				―

↑ 関連ありの場合は"1"を入れる

②設備機器等における適正管理

	重要度(A) 3,2,1	取組 (B)	評価点	取組項目
電力不要時には、負荷遮断、変圧器の遮断を行っている				―
照明器具については、定期的に清掃・交換する等、適正に管理している				―
熱源機器（冷凍機、ボイラー等）の冷水・温水出口温度の設定を、運転効率が良くなるよう可能な限り調整をはじめ、定期点検等、適正に管理している（※）				―
ボイラーや燃焼機器の空気比（空気過剰係数）を低く抑えて運転し、排ガスによる熱損失、送風機の消費電力も削減している（※）				
1	空気圧縮機については、必要十分なライン圧力に低圧化している	3	0	0
冷暖房終了時間前に熱源機を停止し、空調内の熱を有効利用している（予				

要求事項 5. 環境関連法規などの取りまとめ

Q1 環境関連法規にはどのようなものがあるのでしょうか。

A 　国が定めた法令、都道府県・市町村などが定めた条例があります。個別法としては、遵守義務がある公害防止組織法、大気汚染防止法、自動車NOx・PM法、水質汚濁防止法、下水道法、浄化槽法、海洋汚染防止法、瀬戸内海環境保全特別措置法、湖沼水質保全特別措置法、土壌汚染対策法、騒音規制法、振動規制法、工業用水法、ビル用水法、悪臭防止法、化審法、化管法、ダイオキシン類対策特別措置法、PCB廃棄物処理特別措置法、毒劇法、消防法（危険物取扱に係る部分のみ）、水銀汚染防止法、廃棄物処理法、容器包装リサイクル法、家電リサイクル法、建設リサイクル法、食品リサイクル法、自動車リサイクル法、工場立地法、温暖化対策推進法、省エネ法、フロン排出抑制法、オゾン層保護法、建築物省エネ法等が対象となります。また、エコアクション21で対象とするかどうか、組織の判断によるものとしては、労働安全衛生法、高圧ガス保安法、環境アセスメント法等があります。条例で横出し、上乗せ規制をしている自治体もありますので、自治体のウェブサイトなどで確認をしてください。

Q2 その他の環境関連の要求事項にはどのようなものがあるのでしょうか。

A 地域との協定、顧客（納入先・取引先）からの要請、業界団体の取決めなどがあります。

Q3 一覧表にまとめるとありますが、どのようにまとめればよいでしょうか。

A 一覧表の内容は「組織が遵守をするために必要な程度」に記載することが求められており、必要な届出・報告、測定・記録、資格などがわかるように5W1Hで記載します。遵守評価ができるように表にしておくのがよいでしょう。

Q4 環境関連法規などは常に最新のものとなるように管理するとはどのようにすればよいのでしょうか。

A 毎年環境関連法規等の遵守評価の前や組織の活動、製品・サービスの変化があったときには見直しが必要です。また、法改正については、公布から施行まで期間が短い場合もありますので、環境省や自治体、環境関連ウェブサイトの情報を確認するなど環境関連法規等の最新動向に注意を払いましょう。

（様式説明）
■様式5-01　環境関連法規等の取りまとめ表
　この表は「環境関連法規等取りまとめ表」と「環境関連法規等遵守評価記録」を一体化させたものです。
①　法規制等の名称
　適用義務となる環境関連法規名称を記載します。略称でもかまいません。
②　該当する要求事項
　義務となる具体的な内容を記載します。
③　条項
　法令のどの条項かを記載します。
④　関連条例による規制

環境関連法規制等取りまとめ表（遵守評価記録）

取りまとめ表の更新：毎年定期的な遵守評価を実施する際に制定、改正の確認を行い変更があれば更新する

取りまとめ表更新日： 2018年9月1日　　　　　　　　遵守評価日：
　　　　　　　　　　　　　　　　　　　　遵守評価の時期：代表者による見直しの前

		承認	作成
とりまとめ表		環境管理責任者	環境事務局
遵守評価記録		環境管理責任者	環境事務局

法規制等の名称	該当する要求事項（対応すべき事項）	条項（法律、施行令、規則）	関連条例等による規制	該当する設備・項目	点検・測定頻度・実施時期	許可	届出報告	資格	届出先	担当部署	遵守評価 証拠	判定
廃棄物処理法	・委託基準：一廃収集業者の許可の確認	法6条の2第6項、法6条の2第7項、令4条の4		一般廃棄物(紙くず、繊維くず、木くず、生ごみなど)	・1回／年					総務	許可証 ○○産業 H32.4.1	
	・委託基準：産廃収集運搬・処理業者の許可の確認、契約	法12条5項、法12条6項、令6条の2、則8条の2の8、則8条の3、8条の4～8条の4の4		産業廃棄物(金属類・廃プラ類・廃ガラス・廃油・木製パレット)	・契約書／許可証につき1回／年					総務	契約書・許可証 ○○興行 H32.4.1	
	・保管基準 掲示板：60cm×60cm以上表示 飛散・浸透防止 衛生管理	法12条2項 則8条										
	・マニフェスト交付 B2・D票90日、E票180日以内に送付されない場合は30日以内の知事への報告 A、B2、D、E票の保管(5年間)	法12条の3第1～2項、第6～8項、則8条の19、則8条の21の2、則8条の26～29			・マニフェスト新規交付時又は月末	○			知事	総務	マニフェスト	
	・特別管理産業廃棄物管理責任者の選任	法12条の2第8項		廃灯油、医療ごみ								
	・特別管理廃棄物の帳簿の作成	則8条の18										
	・多量排出事業者の報告(1,000トン／年以上、特管物50トン／年以上)	法12条9～10項、12条の2第10～11項、令6条の3、令6条の7、則8条の4の5、則8条の4の6、則8条の17の2、則8条										

自治体で上乗せ、横出しをしている条例がある場合は記載します。

⑤　該当する設備・項目

　自組織で適用される設備や項目を記載します。

⑥　点検・測定頻度、実施時期

　いつ実施するのか頻度や時期を記載します。

⑦　届出・報告・資格・届出先

　該当するところに〇を入れ、届出（提出）先を記載します。

⑧　担当部署

　自組織の担当する部署名を記載します。

⑨　遵守評価　証拠

　証拠となる記録（届出・報告書、測定データ、資格者、許可証）を記載します。届出・報告はそれぞれを行った日付、許可は許可証の有効期限の日付等を記入します。

⑩　遵守評価　判定

　証拠から遵守状況を〇（適合）×（不適合）で判定します。×（不適合）の場合は問題点処置票で是正処置を行います。

要求事項 6. 環境経営目標及び環境経営計画の策定

ガイドライン要求事項

(1) 要求事項2.～5.（経営における課題とチャンスの明確化、環境経営方針の策定、環境への負荷と環境への取組状況の把握及び評価、環境関連法規などの取りまとめ）を踏まえて、具体的な環境経営目標及び環境経営計画を策定する。

(2) 環境経営目標は、可能な限り数値化し、以下の事項に関する目標を設定する。
   - 二酸化炭素排出量の削減
   - 廃棄物排出量の削減
   - 水使用量の削減
   - 化学物質使用量の削減
   - 自らが生産・販売・提供する製品の環境性能の向上及びサービスの改善

(3) 環境経営計画には、環境経営目標を達成するための具体的な手段、日程及び責任者を定める。

(4) 環境経営目標及び環境経営計画は、毎年度及び要求事項2.～5.の大きな変更時に見直しをする。

(5) 環境経営目標と環境経営計画は、関係する従業員に周知する。

Q1 必須項目は数値目標を立てないといけないのでしょうか。

A 可能な限り数値化します。ただし、テナント入居などで電力や水道などの個別メーターがない場合もあります。この場合は数値目標ではなく行動目標を設定します。

Q2 「要求事項2. 課題とチャンスの明確化」を踏まえるとはどのような
ことですか。

A 「課題とチャンスの明確化」から導かれた環境経営方針に盛り込ま
れた項目は環境経営目標に取り上げます。また、「課題とチャンスの
明確化」で明らかになった課題を改善・解消する取組やチャンスを活かす取
組を環境経営目標や達成手段に取り上げることで、この要求事項を満たすこ
とになります。直接、環境に結び付かないことでも環境経営計画書に落とし
込んでPDCAを回して改善するようにしましょう。エコアクション21の
PDCAシステムが推進エンジンとなって改善が進みます。

Q3 二酸化炭素排出量の削減については使用量が少ない都市ガスも含め
る必要がありますか。

A 負荷の大きなものを重点的に取り組むことでかまいません。「環境
への負荷の自己チェック表」の取りまとめ表で、負荷の大きさ等を
考慮して取り組むべき項目を特定しています。

Q4 廃棄物排出量の削減ではどのような目標を設定したらよいでしょう
か。

A 前述と同様に優先的に取り組む項目を決めることになりますが、一
般廃棄物は全員が取り組めるので、取組の対象にすることをおすす
めします。また、処理費用の大きなものを優先課題として取り組むのもよい
でしょう。削減が難しいもの、なじまないものは再資源化率を目標に掲げる
こともできます。

Q5 業種別ガイドライン特有の目標にはどのようなものがありますか。

A 次のような目標に取り組みます。

• 建設業者：建設副産物の再資源化推進

- 廃棄物処理業者：受託廃棄物の再資源化推進
- 食品関連事業者：食品廃棄物の発生抑制、食品リサイクル率向上

Q6 自らが生産・販売する製品及びサービスに関する環境経営目標には どのようなものがあるのでしょうか。

A 提供する製品やサービスを通じて、顧客の環境負荷低減に貢献する 活動と考えるとわかりやすいでしょう。例えば、その製品を使うこ と、あるいはサービスを受けることにより、エネルギー使用量（二酸化炭素 発生量）や水使用量が少なくなる、廃棄物の発生量が少なくなる等です。間 接的に顧客の環境負荷低減に貢献するものとして、製造の生産性を高める、 業務の効率性を高める製品やサービスもあります。さらに、不良品を出さな い、クレームをなくす取組も顧客の環境負荷を増やさないという意味で環境 経営目標にあげてもよいでしょう。また、サービスを受ける顧客の環境意識 を高める取組も考えられます。

Q7 グリーン購入に関する目標は設定しなくてもよいのでしょうか。

A 「エコアクション21ガイドライン（2009年版）」で必須の要求事項 であった「グリーン購入」については、「2017年版」では必須では なくなりました。しかしながら、持続可能な経済社会を構築するには欠かせ ない要件になりますので、単独の目標にしなくても、各目標の達成手段に含 めることが望まれます。例えば、電力削減手段としては、省エネ性能の優れ た機器の選択や二酸化炭素排出係数の少ない電力の選択、自動車燃料削減手 段としては、燃費の優れた自動車の選択、水道水削減手段としては、節水性 能の優れた機器の選択、化学物質の使用については、有害性の少ない原材料 の選択、などがあります。事務用品のグリーン購入の取組では、環境ラベル 商品を優先的に選択することやグリーン購入率の向上に取り組むのもよいで しょう。

Q8　目標値を設定する際に注意することはどのようなことでしょうか。

A　単年度の目標と３年程度の中期目標を設定することが要求されています。目標値は中期計画時に見直すことでもかまいませんが、変化が大きな社会経済を考慮すると、当年度の実績を踏まえて、毎年見直すとよいでしょう。

(様式説明)

■様式6-01　環境経営計画書

5W1Hを盛り込んだPDCAの環境経営計画書です。

① 　方針

環境経営方針に書かれたキーワードを入れます。

② 　目標

必須項目の他に「課題とチャンスの明確化」で課題となった項目を追加するとよいでしょう。目標値は当年度と次年度、次々年度までは必須となります。毎年、事業年度終了後に実績や次年度の事業状況を踏まえて見直します。

③ 　達成手段

「要求事項4. 環境への負荷と環境への取組状況の把握及び評価」で作成した「環境への取組の自己チェック表」で重要とした項目を記入します。四半期ごとの評価で目標が未達成となっている場合は挽回策を追記します。中期計画欄は今後検討する項目を記入します。

④ 　責任部門、責任者

できるだけ役割を分担することで活動の広がりができます。

⑤ 　スケジュール

いつ何をするかを記載します。

⑥ 　取組評価

四半期ごとに達成手段ができたかどうかを○△×で評価します。次の四半期は上書きします。

⑦ 　定期的な確認・評価・是正（挽回策）

2018 年度　環境経営計画書

作成日：2018年4月1日
更新日：2018年10月5日

代表者	環境管理責任者	環境事務局

方針	目標（方針に掲げた取組項目は必ず挙げる）（貴所の自己チェックで○を付けた項目）	目標達成手段（取組の自己チェックで○をつけた項目）	責任部門 責任者（担当者）	スケジュール	取組評価（計）	定期的な確認・評価・是正（挽回策）

スケジュール 各月: 4月 5月 6月 7月 8月 9月 10月 11月 12月 1月 2月 3月

電力による二酸化炭素削減
基準年度実績　10,100 kg-CO2
2017 年　4,979 kg-CO2
使用する二酸化炭素排出係数: 0.493 kg-CO2/kWh

2018 年度目標		
基準年度比	98%	
削減率	-2.0%	
目標値	4,880 kg-CO2	9898 kWh

2019 年度目標　4,780　96%
2020 年度目標　4,730　95%

取組手段：
・空restart室温度の適正化（冷房28℃ 暖房20℃）
・不要照明の消灯
・ノー残業デーの実施
・生産工程の待機時間短縮
・空気圧縮機のエア漏れ点検

【目標未達成時の挽回策】

【中期計画】
・生産工程の短縮
・省エネタイプ/エネルギー効率の高いエアコンへ更新
・屋根への遮熱塗料の塗装

担当：総務 田中

項目	単位	4月	5月	6月	7月	8月	9月	10月	11月	12月	1月	2月	3月	計
基準年	kWh	500	600	700	1,000	1,200	1,000	600	800	1,000	1,000	1,000	700	10,100
基準年	kg-CO2	247	296	345	493	592	493	296	394	493	493	493	345	
（累計）		247	542	887	1,380	1,972	2,465	2,761	3,155	3,648	4,141	4,634	4,979	
目標 （月別）	kWh	242	290	343	483	580	483	290	387	483	483	483	338	4,979
（累計）		242	531	670	1,353	1,932	2,416	2,706	3,092	3,575	4,058	4,542	4,880	
今期	kWh	500	610	700	1,000	1,190	900	900						6,660
今期	kg-CO2	271	301	345	493	587	468	394	444					
（累計）		271	572	917	1,410	1,977	2,445	2,840	3,283					66%
月次評価		×	×	×	×	×	×	×	×					
累計評価		×	×	×	×	×	×	×	×					

売上高原単位評価　kg-CO2/千円

項目	4月	5月	6月	7月	8月	9月	10月	11月	12月	1月	2月	3月	計
基準年 月別	0.247	0.296	0.345	0.493	0.592	0.493	0.296	0.394	0.493	0.493	0.493	0.345	
累計	0.247	0.271	0.296	0.345	0.394	0.411	0.394	0.394	0.405	0.414	0.421	0.415	0.415
目標 月別	0.242	0.290	0.338	0.483	0.580	0.483	0.290	0.387	0.483	0.483	0.338		
累計	0.242	0.266	0.290	0.330	0.463	0.403	0.387	0.397	0.406	0.413	0.407		0.407
今期 月別	0.247	0.273	0.314	0.448	0.515	0.426	0.359	0.403					
累計	0.247	0.260	0.278	0.320	0.359	0.370	0.369	0.373					98%
月次評価	×												
累計評価	×												

都市ガスによる二酸化炭素削減
基準年度実績　6,900 kg-CO2
2017 年　14,350 kg-CO2
使用する二酸化炭素排出係数: 2.07966

2018 年度目標		
基準年度比	98%	
削減率	-2.0%	
目標値	14,063 kg-CO2 6,762 ㎥	

2019 年度目標　13,776　98%
2020 年度目標　13,632　95%

取組手段：
・ボイラ・加熱炉の空気比
・蒸気・温水配管の保温補修
・温水温度の適正化

【目標未達成時の挽回策】

【中期計画】
・生産工程の短縮
・省エネタイプ/エネルギー効率の高いエアコンへ更新
・屋根への遮熱塗料の塗装

担当：総務 斉藤

項目	単位	4月	5月	6月	7月	8月	9月	10月	11月	12月	1月	2月	3月	計
基準年	㎥	500	520	530	550	600	600	600	600	600	600	600	600	6,900
基準年	kg-CO2	1,040	1,081	1,102	1,144	1,248	1,248	1,248	1,248	1,248	1,248	1,248	1,248	
（累計）		1,040	2,121	3,223	4,367	5,615	6,863	8,111	9,358	10,606	11,854	13,102	14,350	
目標 （月別）	㎥	1,019	1,060	1,080	1,121	1,223	1,223	1,223	1,223	1,223	1,223	1,223	1,223	
（累計）		1,019	2,079	3,159	4,280	5,503	6,726	7,948	9,171	10,394	11,617	12,840	14,063	
今期	㎥	490	500	510	540	580	590	600						6,470
今期	kg-CO2	1,019	1,040	1,061	1,123	1,206	1,227	1,248						
（累計）		1,019	2,059	3,119	4,243	5,449	6,580	7,736	8,880	10,026	11,188	12,312	13,455	94%
月次評価		○	○	○	○	○	○	○						
累計評価		○	○	○	○	○	○	○						

自動車燃料による二酸化炭素削減
基準年度実績
2017 年　ガソリン 1,200 ℓ
　　　　軽油 2,400 ℓ
　　　　9,064 kg-CO2
使用する二酸化炭素排出係数：
ガソリン 2.32166
軽油 2.62434

2018 年度目標		
基準年度比	98%	
削減率	-2%	
目標値	8,903 kg-CO2	

2019 年度目標　8,812　97%
2020 年度目標　8,721　96%

取組手段：
・アイドリングストップ
・効率的なルートで実行
・エリア別営業活動の見直し

【目標未達成時の挽回策】

【中期計画】
・共同配送の実施
・更新時に低燃費車を選択

担当：営業

項目	4月	5月	6月	7月	8月	9月	10月	11月	12月	1月	2月	3月	計
基準年ガソリン L	100	100	100	100	100	100	100	100	100	100	100	100	1,200
軽油 L	200	200	200	200	200	200	200	200	200	200	200	200	2,400
（月別）Kg-CO2	757	757	757	757	757	757	757	757	757	757	757	757	9,084
（累計）Kg-CO2	757	1,514	2,271	3,028	3,785	4,542	5,299	6,056	6,813	7,570	8,327	9,084	
目標 （Kg-CO2）	742	742	742	742	742	742	742	742	742	742	742	742	8,903
（累計）	742	1,484	2,226	2,968	3,709	4,451	5,193	5,935	6,677	7,419	8,151	8,903	
今期実績ガソリン L	90	90	90	90	90	80							540
軽油 L	150	150	150	150	150	150	150						1,050
（月別）Kg-CO2	603	603	603	603	603	603							3,616
（累計）Kg-CO2	603	1,205	1,808	2,410	3,013	3,616							40%
月次評価													
累計評価													

燃費評価

ガソリン車	4月	5月	6月	7月	8月	9月	10月	11月	12月	1月	2月	3月	計
基準年 km	1000	1000	1000	1000	1000	1000	1000	1000	1000	1000	1000	1000	12000
燃費 km/L	10.0	10.0	10.0	10.0	10.0	10.0	10.0	10.0	10.0	10.0	10.0	10.0	10.0
今期 km	1100	1100	1100	1100	1100	1100							6800
燃費 km/L	12.2	12.2	12.2	12.2	12.2	12.2							12.2

ディーゼル車	4月	5月	6月	7月	8月	9月	10月	11月	12月	1月	2月	3月	計
基準年 km	1000	1000	1000	1000	1000	1000	1000	1000	1000	1000	1000	1000	
燃費 km/L	5.0	5.0	5.0	5.0	5.0	5.0	5.0	5.0	5.0	5.0	5.0		
今期 km	1100	1100	1100	1100	1100	1100	1100						7700
燃費 km/L		7.3	7.3	7.3									

定期的な確認・評価・是正（挽回策）

- クールビス運動が定着し、エアコンの温度設定の理解が浸透し、徐々に効果が見られてきた。PRを継続する。
- アイドリングストップはほぼ守られている。アクセルの吹かしすぎはまだ見受けられる。チラシによる呼びかけを実施したい。

廃棄物の削減（方針）

（以下、波線により省略）

「要求事項13. 取組状況の確認・評価、並びに問題の是正及び予防」で使用する欄です。

　四半期ごとに数値目標の達成状況と目標達成手段の実施状況を評価し、目標未達成の場合の原因とその対策、目標達成手段の未実施の原因とその対策を記入します。

⑧　年間スケジュール

　教育訓練の年間計画、緊急事態対応訓練の時期、環境関連法規等遵守評価の時期など記載し、進捗管理を行います。

Ⅱ 計画の実施（Do）

計画の実施（Do）の段階のガイドラインには下記のものがあります。

要求事項 7. 実施体制の構築

要求事項 8. 教育・訓練の実施

要求事項 9. 環境コミュニケーションの実施

要求事項10. 実施及び運用

要求事項11. 環境上の緊急事態への準備及び対応

要求事項12. 文書類の作成・管理

要求事項7. 実施体制の構築

ガイドライン要求事項

エコアクション21を運用、維持し、環境経営を実践するために、代表者は以下の事項を実施する。

- 効果的で必要十分な実施体制を構築する
- 実施体制においては、各自の役割、責任及び権限を定め、全従業員に周知する
- エコアクション21を運用し、維持するための経営資源を用意する

Q1 代表者とはどのような人ですか。

A 社長、理事長、代表理事、会長等、その組織の代表者となります。

Q2 サイト認証で工場や事業者単位で取得する場合の代表者はどうなりますか。

A 工場長や事業所長などが代表者となります。

Q3 実施体制図には認証登録範囲に入っていないところも含めるのでしょうか。

A 認証登録範囲に入っていないところも記載して、認証登録対象外とわかるように記載します。

Q4 社長が親会社と兼務で、不在が多く、実質は役員に任せている場合は常務を代表者としてもよいのでしょうか。

A その場合は社長が役員に委任したことを明確にしておくことが大切です。委任状などを残すとよいでしょう。

Q5 小さな組織なので、社長が環境管理責任者を兼ねてもよいのでしょうか。

A 役割を分担することが望ましいですが、実態にあわせて兼務するケースもあります。

Q6 維持するための経営資源を用意するとはどのようなことでしょうか。

A 経営資源には、人（時間、技能、知識）、もの（設備、インフラ）、資金（設備投資、教育投資）、情報（顧客ニーズ、技術情報）などがあります。代表者は環境管理責任者や環境事務局、担当者に指示をしますが、必要な経営資源を与えることが求められます。

（様式説明）
■様式7-01　環境経営組織図及び役割・責任・権限表

① 実施体制図

自社の組織図とあわせますが、人数が少ない場合は活動単位でまとめるの

【様式7-01】環境経営組織図及び役割・責任・権限表

□環境経営組織図及び役割・責任・権限表　　　　　　更新日： 2018年4月11日

	役割・責任・権限
代表者(社長)	・環境経営に関する統括責任 ・環境経営システムの実施に必要な人、設備、費用、時間等経営資源を準備 ・環境管理責任者を任命 ・環境経営方針の策定・見直し ・環境経営目標・環境経営計画書を承認 ・代表者による全体の評価と見直し、指示 ・環境経営レポートの承認
環境管理責任者	・環境経営システムの構築、実施、管理 ・環境関連法規等の取りまとめ表を承認 ・環境経営目標・環境経営計画書を確認 ・環境活動の取組結果を代表者へ報告 ・環境経営レポートの確認
環境事務局	・環境管理責任者の補佐、環境委員会の事務局 ・環境負荷の自己チェック及び環境への取組の自己チェックの実施 ・環境経営目標、環境経営計画書原案の作成 ・環境活動の実績集計 ・環境関連法規等取りまとめ表の作成及び最新版管理 ・環境関連法規等取りまとめ表に基づく遵守評価の実施 ・環境関連の外部コミュニケーションの窓口 ・環境経営レポートの作成、公開(事務所に備え付けと地域事務局への送付)
環境委員会	・環境経営計画の審議 ・環境活動実績の確認・評価
部門長	・自部門における環境経営方針の周知 ・自部門の従業員に対する教育訓練の実施 ・自部門に関連する環境活動計画の実施及び達成状況の報告 ・自部門に必要な手順書の作成及び手順書による実施 ・自部門の想定される事故及び緊急事態への対応のための手順書作成 ・試行・訓練を実施、記録の作成 ・自部門の問題点の発見、是正、予防処置の実施
内部監査チーム	・環境に関する内部監査の計画 ・環境に関する内部監査の実施・報告
全従業員	・環境経営方針の理解と環境への取組の重要性を自覚 ・決められたことを守り、自主的・積極的に環境活動へ参加

もよいでしょう。

② 役割・責任・権限表

　一般的な役割分担表を示しています。組織の実態にあわせて、必要に応じ

て変更してください。

③　内部監査員（チーム）

　100名を超える組織は内部監査が必要となりますので、記載します。規模の小さなところで代表者が全体を把握できる場合は不要です。

④　環境委員会

　物事を進めるにあたっては、各部署の協力が必要となります。各部署の長が参加する会議体で、話し合って決めることで協力を得やすくなります。そのような場があれば、どのような会議体でもかまいません。経営会議、営業会議、生販会議、幹部会などが考えられます。小さな組織なら全体会議や朝礼の中で決めたり、周知したりすることもあるでしょう。

要求事項 8. 教育・訓練の実施

　エコアクション21の取組を適切に実行するために、以下の教育・訓練を実施する。
- 全従業員を対象とした教育・訓練
- 環境に関する特定の業務がある場合、その業務に関わる従業員を対象とした教育・訓練

Q1 全従業員を対象とした教育訓練はどの程度実施すればよいのでしょうか。

A ガイドラインでは周知しなければならないこととして、環境経営方針、環境経営目標・環境経営計画、各人の役割・責任・権限があります。したがって、環境への取組の必要性、何に取り組むのか、自分の役割は何か、どんなことをするのか、などを理解できるように教育を行います。

Q2 環境に関する特定の業務とはどのようなものですか。

A 環境に大きな影響を与える業務のことで、法規制の逸脱や緊急事態の発生などにつながりやすい業務（作業）のことです。公害防止管理者、エネルギー管理士、特別管理産業廃棄物管理責任者、危険物取扱者など、業務を行ううえで資格が必要な場合もあります。

Q3 環境教育・訓練に関する書類や記録は必要ですか。

A 教育・訓練の年間計画により、階層別、職種別など、適切なプログラムを設定し、実施することが必要です。環境教育・訓練の記録は要求事項ではありませんが、法的に従業員への教育・訓練が求められている

場合や組織にとって重要と思われる教育・訓練は記録を残すとよいでしょう。

（様式説明）

■様式8-01　教育訓練計画／実績記録表

　年度の初めに計画書を作成し、この計画に基づき教育・訓練を実施します。実施した結果を実績（●）にし、必要に応じて備考欄に記録として残します。なお、この表の代わりに、環境経営計画書の年間活動計画の教育訓練計画欄を用いてもよいでしょう。

■様式8-02　環境教育訓練記録

　環境・教育訓練の記録は要求事項ではありません。法的に従業員への教育・訓練が求められている場合や組織にとって重要と思われる教育・訓練など必要に応じて記録することをおすすめします。既にある教育・訓練記録を用いてもかまいません。

【様式8-01】教育訓練計画／実績記録表

2018 年度　教育訓練計画/実績記録表 （記入例）

承認	作成
環境管理責任者	環境事務局

作成日：2018年3月1日　　　　更新日：　2018年9月6日

種類	対象者	目的	内容	頻度	責任者	4	5	6	7	8	9	10	11	12	1	2	3	備考（参考資料等）
一般教育	管理職	環境経営の戦略的重要性の自覚を高める	エコアクション21の内容、環境問題の現状、環境経営の必要性	1回／年以上	環境管理責任者			○			○		○				●	エコアクション21環境経営システム・環境活動レポートガイドライン 環境経営方針
	全従業員	一般的な環境に対する自覚を高める	環境経営方針、環境経営目標・計画	同上	同上			○			○						●	環境経営方針 環境経営計画書
			各自の役割分担と責任・権限		部門長			○			○						●	全体研修を受けなかった者への研修
専門教育	法規制等業務担当者	法規制等に関する責任感を高める	法規制等遵守の手順の徹底を図る	同上	環境管理責任者					○								当社に関連する法律，条令規制集
		法規制資格の取得	危険物取扱者	適宜	部門長													危険物の保管に必要な資格の取得
緊急時対応訓練	緊急事態への対応者	緊急事態発生時に適切に対応する	緊急時の対応手順書に基づく訓練で手順の適切性・有効性を確認する	同上	環境管理責任者						○							緊急時の対応手順書

保管：環境事務局　　　計画：○　　実績：●

【様式8-02】環境教育訓練記録

環境教育訓練記録（記入例）

実施日	2018年7月1日	教育訓練名	平成30年度環境目標・活動計画の説明
区分	■一般教育 □専門教育 □その他	使用テキスト （該当項目を■）	□環境経営方針　■環境経営計画書 □手順書（平成30年度環境活動計画書） □その他（　　　　　　　　　　　）
場所	事務所会議室	講師名	

	対象者名 （実施者記入）	出席者サイン （出席者署名）	欠席者 理解不足者 フォロー日	理解状況 （各自でチェックして下さい） 充分理解した	ある程度理解した	理解できなかった
1				☐	☐	☐
2				☐	☐	☐
3				☐	☐	☐
4				☐	☐	☐
5				☐	☐	☐
8				☐	☐	☐
9				☐	☐	☐
10				☐	☐	☐
11				☐	☐	☐
12				☐	☐	☐
13				☐	☐	☐
14				☐	☐	☐
15				☐	☐	☐
16				☐	☐	☐
17				☐	☐	☐
18				☐	☐	☐
19				☐	☐	☐
20				☐	☐	☐
21				☐	☐	☐
22				☐	☐	☐
23				☐	☐	☐
24				☐	☐	☐
25				☐	☐	☐

コメント（教育訓練の有効性の評価）：	確認	作成
	実施責任者 記録日：	*/**

※自分の役割と責任を自覚したことの確認として、署名する。
保管：実施部門（部署）

要求事項 9. 環境コミュニケーションの実施

Q1 内部コミュニケーションはどのようにすればよいですか。

A 例えば、朝礼、会議、掲示板、電子掲示板、社内メール、SNS（ソーシャル・ネットワーキング・サービス）などで双方向の伝達を行います。従業員からの意見やアイデアを取り入れるための仕組み、環境上の「ヒヤリ・ハット」を報告しやすくなる仕組みなどの工夫をしてみてください。

Q2 外部からの環境に関する苦情や要望とはどのようなものでしょうか。

A 苦情には、騒音、振動、臭気、粉じん、汚水などが考えられます。要望にはこれらの対策や未然防止などがあります。

Q3 苦情や要望の受け付け、対応、再発防止策結果は記録に残す必要はありますか。

A 「要求事項12. 文書類の作成・管理」で必要な書類として、「外部からの苦情などの受付状況及び対応結果」がありますので、記録を残

すことが必要です。

(様式説明)

■様式9-01　環境コミュニケーション記録

　外部からの苦情・要望、行政とのやり取りなどを記録する様式です。

①　外部コミュニケーションの種類

　チェック欄（□苦情　□要望　□提案　□行政とのやりとり　□その他）の該当するところに☑を入れます。

②　対応と再発防止

　苦情などは早めに対応策をとり、情報発信者の理解を得ることが大切です。この記録は、是正処置票の機能も備えており、PDCAで解決・改善を図るようになっています。

【様式9-01】環境コミュニケーション記録

環境コミュニケーション記録（記入例）

環境上の苦情や要請などは必ず受け付けて、対応し、記録する。

■苦情 □要望 □提案 □行政とのやりとり □その他

受付日	2018年7月1日	コミュニケーション先 電話:	○○ ○○ 様 ＊＊－＊＊＊－＊＊＊＊	

件名			環境管理責任者	報告者
トラックの排気ガスによる臭いの苦情			○○ 2018/7/1	○○ 2018/7/1

内容

・包材搬入のトラックが早めに到着し、1時間ほどエンジンを掛けっぱなしであった。
・そのため、排気ガスが隣の○○さんの方に流れ込んだ。
・○○さんは、省エネのため最近は窓を開けており、排気ガスが室内に侵入した。
・すぐに止まるだろうと思っていたが、1時間も続いたため、我慢できなくなったとのことで、電話で申し入れてこられた。

応急対応(応急処置)			環境管理責任者	報告者
・電話を受けた□□さんが、すぐにトラック運転手に注意し、エンジンを止めさせた。 ・トラック運転手と一緒に○○さん宅へ謝りに行った。 ・○○さんは了解してくれて、一件落着となった。			○○ 2018/7/1	○○ 2018/7/1
			部署責任者コメント	

根本対応(是正処置(再発防止)			環境管理責任者	作 成
・トラックは始業前に到着しないように発送元に依頼する。 ・もし、トラックが始業前に到着してしまった場合は、すぐにエンジンを切るように、運転手に徹底していただく。 ・正門前にも「アイドリングストップ厳守」の掲示板を設置する。			○○ 2018/7/1	○○ 2018/7/1
			部署責任者コメント	

備考(改善提案などのコメント)				

保管：環境事務局

要求事項 10. 実施及び運用

(1) 環境経営方針、環境経営目標及び環境経営計画の達成、並びに環境関連法規などの遵守に必要な取組を実施する。

(2) 環境経営方針、環境経営目標を達成するため、必要に応じて手順書を作成し運用する。

Q1 必要に応じて手順書を作成することになっていますが、どのような場合に手順書が必要ですか。

A 環境経営方針及び環境経営目標・計画の達成、環境関連法規等の遵守のために、5W1Hで誰でもわかるようにすることが大切です。環境経営計画書や環境関連法規等取りまとめ表も手順書の1つとなります。一覧表などでは記載しきれない場合で、産業廃棄物管理、化学物質管理、排水管理、危険物管理など手順書がないと環境に重大な影響を与える事項については必要に応じて作成します。

Q2 貼紙や掲示でもよいのでしょうか。

A ごみの分別表示、エアコンの温度管理表示、水道のむだ使い防止の表示など、貼紙や掲示も手順書の1つとなります。その際にはできるだけ5W1Hを盛り込むようにしましょう。

様式説明

■様式10-01　実施及び運用の手順書（例：産業廃棄物管理手順書）

① 手順書様式

サンプルを用意しています。必要に応じて作成してください。

② 手順書の内容

【様式10-01】実施及び運用の手順書（例：産業廃棄物管理手順書）

		承　認	作　成
		環境管理責任者	環境事務局

ABC株式会社	産業廃棄物管理手順書（記入例）	様式:10-01
手順書		担当部署：環境事務局
制定：2018年3月31日		

目的	産業廃棄物について適切に保管・管理し、適切に処理することにより公害を防止し、生活環境の保全と、公衆衛生の向上を目指す。

NO	作業手順	ポイント
1	（誰が） 　　総務担当者	
2	（どこで）　　（何を） 　工場　　産業廃棄物	（どのように） 産業廃棄物を管理し、処理業者に委託する。
3	（処理業者の選定） 地域性を考慮し、認可を得ている業者から過去の業績等を参考に選定する。	処理業者とは、収集運搬、中間処理、それぞれ契約する。 契約の際、許可証を必ず確認し、更新された場合は、最新の許可証を入手し、契約書綴りに綴じ込む。
4	毎月初めに、マニフェストB2、D、E票の返却状況を確認する。 （マニフェストの保管） A、B2、D、Eは5年間保管する。 （マニフェスト交付状況の報告） マニフェスト交付状況報告書を毎年6月30日までに都道府県知事に提出する。	マニフェストE票で最終処分を確認する 報告書は自治体のウェブサイトからダウンロードして入手する。
5	（確認・評価と問題点の是正） 担当者は、毎月初めにマニフェスト伝票を確認し、各伝票の返送が遅れている場合は、当該業者に連絡し、処理状況を確認する。	下段の報告期限の1/2の日数が経過しても、返送がない場合は必ず督促する。
	委託処理業者による処理の状況について、定期的にインタネットや現地調査により確認する。	毎年遵守評価に合わせて実施 （努力義務）
	処理委託業者から、委託した産業廃棄物の処理が困難になったと通知を受けた場合は、速やかにその旨を都道府県知事に報告する。	マニフェストのE票が回収されていない場合に適用される 処理困難通知を受けた日から30日以内
6	（改善への取り組み） 総務担当者及び関係者は、日頃より3Rに努め、省資源、資源の有効利用となるように改善に取り組む。	3R:優先順位は　①②③の順 ①Reduce（減量） ②Reuse（再使用） ③Recycle（リサイクル＝再生利用）
7	（マニフェスト伝票による管理） 票　主旨　　業者による送付期限 A票　控え B2票　運搬完了　運搬終了から10日 D票　処分完了　処分完了から10日 E票　最終処分完了　2次マニフェスト受領から10日	知事への報告期限 交付から90日（特管は60日） 交付から90日（特管は60日） 交付の日から180日 上記期限以内に各票が返送されない場合は、上記期限から30日以内に都道府県知事にその旨を報告する。

＜改訂記録＞

版	改訂日	改訂内容・改訂理由
2	2012年1月16日	処理の状況の努力義務を追加

5W1Hで記載します。

③　改訂記録

　手順書の内容を改訂した場合に記録します。

要求事項 11. 環境上の緊急事態への準備及び対応

Q1 環境上の事故及び緊急事態とはどのようなものですか。

A 環境上の事故には、火災、爆発、漏洩などがあります。緊急事態とは環境や環境経営に重大な影響を及ぼす環境汚染や操業停止、信用失墜、財産喪失などがあります。

Q2 対応策を定めるとはどのようなことですか。

A 事故や緊急事態を予防し、発生時にはその影響を最小限にするための手順を定めておくということです。

Q3 試行と訓練はどのように違うのですか。

A 試行とは、定めた手順が事故の予防や緊急事態の発生時にこれらの影響を最小限にするために有効かどうかをテストすることです。また、定めた手順どおり実施できるようにすることが訓練です。

Q4 可能な範囲で定期的にとはどのようなことですか。

A 漏洩事故の試行・訓練では、実際に油や有害物質を流すことは難しいので、代わりに水などで代用します。このように実施することが可能な範囲での試行・訓練となります。定期的に実施とは、毎年6月にとか、奇数年の9月になどと一定の期間を決めて実施することです。人の入れ替わりがあったり、日頃やっておかないといざというときに機能しなかったりすることがありますので、毎年定期的に実施することが必要です。

Q5 試行・訓練の記録は必要ですか。

A 「要求事項12. 文書類の作成・管理」で必要な書類として、「環境上の緊急事態の対応に関する試行及び訓練の結果」がありますので、記録を残すことが必要です。環境経営レポートに記録するのもよいでしょう。

Q6 事業継続計画（Business continuity planning：BCP）を取り上げることも可能ですか。

A 環境経営の達成のために支障があるリスクについても、緊急事態として扱うことをおすすめします。BCPをエコアクション21の緊急事態とするなど、環境経営における緊急事態を設定するとよいでしょう。

様式説明

■様式11-01、11-02　環境上の緊急事態への準備及び対応（例：火災対応手順書、緊急事態対応訓練の実施（記録））

① 手順書様式

火災対応手順書と油流出事故対応手順書をサンプルとして用意しています。自組織の緊急事態の想定にあわせて作成してください。

② 手順書の内容

5W1Hで記載します。特に緊急連絡先については、すぐにわかるように掲示することをおすすめします。

③ 改訂記録

試行・訓練実施後、緊急事態発生後には必ず手順書の有効性を評価し、問題があれば改訂し、改訂記録を残します。

【様式11-01】環境上の緊急事態への準備及び対応（例：火災対応手順書）

		承　認	作　成
		環境管理責任者	環境事務局

ABC株式会社	火災対応手順書（記入例）	様式：EA-11-01
手順書		担当部署：環境事務局
制定：2018年3月31日		

目的	火災が発生しないように予防を行う。火災発生の場合、緊急対応を適切に行うことにより従業員と近隣住民の安全及び火災による環境汚染を防止する。

NO	作業手順	ポイント
0	（予防） ① たばこは所定の場所で喫煙する。 ② 危険物保管所は火気厳禁とする。 ③ 消火器の点検は毎月初めに実施する。	喫煙スペースで吸殻入れには水を入れておく 消火器の点検では、置き場所の確認、有効期限も確認する 消火器は離れたところからもすぐにわかるように表示を行う
1	（社内連絡） ① 発見者は大声で火災発生の連絡をする。 ② 電話で内線〇〇番（総務課）へ掛け火災発生を告げる。 ③ 火災発生の連絡を受けた人は (1)社内放送で出火場所と避難要請を伝達する。 (2)消防署に社名、住所、火災の状況を連絡する。	総務課　　　　　　　消防署 内線　２００番　　　　１１９番
2	（消火活動） ① 近くにガス器具がある場合は元栓を止める。 ② 消火隊は近くの消火器を持って現場に駆けつけ消火作業を行う。	
3	（避難・誘導） ① 部門長は各部署の出入り口又は非常口に誘導する。	非常口を妨害するものが置いていないかも確認する
4	（警備） ① 総務課員は消防署員の到着時現場に案内する。	総務課員は不審者が社内に侵入しないか確認する
5	（訓練・テスト及び評価・見直し） ① 毎年1回訓練を兼ねた消火テストを実施し、手順の有効性や訓練の妥当性を確認する。 ② 火災発生時は原因を突き止め、再発防止のための手順を見直し、改訂する。 ③ 手順書を改訂した場合は必要に応じて試行・訓練を行う。	消火訓練　毎年6月 訓練の記録を残す 訓練時に消火器の有効期限が切れていないかを確認する 訓練：決められた手順通りにできるようにすること 試行：手順が適切であるか　機能が正常であるか　決められた手順通りに行動できるか

※火災発生時・緊急事態対応訓練実施後に見直し、必要に応じて改訂する。

＜改訂記録＞

版	改訂日	改訂内容・改訂理由

保管：環境事務局

【様式11-02】環境上の緊急事態への準備及び対応（緊急事態対応訓練の実施（記録））

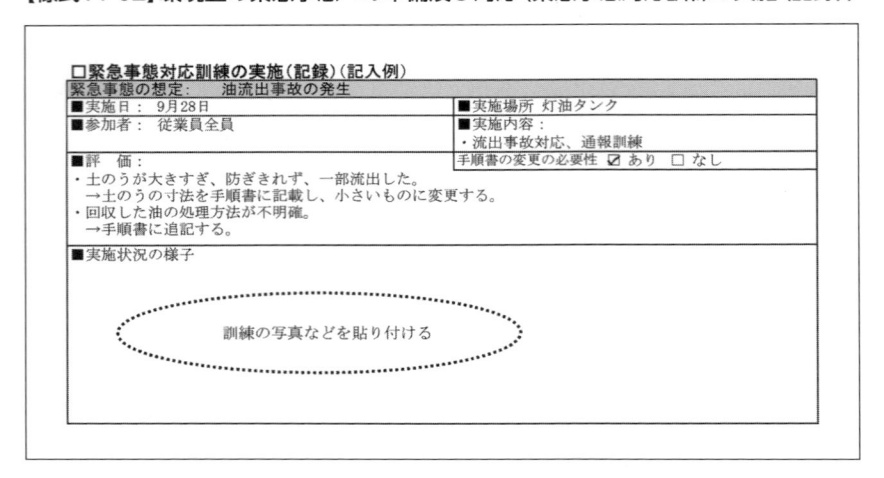

□緊急事態対応訓練の実施（記録）（記入例）

緊急事態の想定： 油流出事故の発生	
■実施日： 9月28日	■実施場所 灯油タンク
■参加者： 従業員全員	■実施内容： ・流出事故対応、通報訓練
	手順書の変更の必要性 ☑ あり □ なし

■評 価：
・土のうが大きすぎ、防ぎきれず、一部流出した。
　→土のうの寸法を手順書に記載し、小さいものに変更する。
・回収した油の処理方法が不明確。
　→手順書に追記する。

■実施状況の様子

訓練の写真などを貼り付ける

要求事項 12. 文書類の作成・管理

ガイドライン要求事項

(1) エコアクション21の取組を実施するために、以下の15種類の文書類(紙又は電子媒体など)、及び組織が必要と判断した文書類を作成し、適切に管理する。

- 環境経営方針
- 環境への負荷の自己チェックの結果
- 環境への取組の自己チェックの結果
- 環境関連法規などの取りまとめ（一覧表など）
- 環境経営目標
- 環境経営計画
- 実施体制（組織図に役割などを記したものでも可）
- 外部からの苦情などの受付状況及び対応結果
- 事故及び緊急事態の想定結果及びその対応策
- 環境上の緊急事態の対応に関する試行及び訓練の結果
- 環境経営目標の達成状況及び環境経営計画の実施状況、及びその評価結果
- 環境関連法規などの遵守状況の結果
- 問題点の是正処置及び予防処置の結果
- 代表者による全体の取組状況の評価と見直し・指示の結果
- 環境経営レポート

(2) 組織が取組の際に必要と判断した手順書

Q1 なぜ文書類と呼ぶのですか。

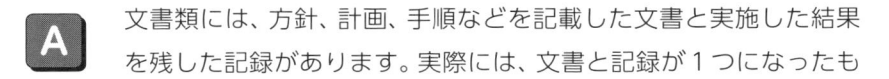

A 文書類には、方針、計画、手順などを記載した文書と実施した結果を残した記録があります。実際には、文書と記録が1つになったも

のなどもあり、あわせて文書類と呼んでいます。

Q2 どのような文書類が必要ですか。

A ガイドラインで規定された15種類の文書類と、組織が必要と決めた文書類があります。

Q3 どの程度の内容を盛り込む必要がありますか。

A 文書類には、誰が、いつ、なぜ、何を、いつまでに、どのように、がわかるようにすることが必要です。

Q4 環境経営マニュアルなど全体をまとめた文書は必要ですか。

A エコアクション21はガイドラインがわかりやすく書かれていますので、5W1Hを手順書や記録に盛り込むことで、環境経営マニュアルはなしとするのもよいでしょう。担当者がよく変わって引継ぎがうまくできない組織や、比較的大きな組織で、環境経営マニュアルがないと適切に維持・運用できないような場合には必要に応じて作成するとよいでしょう。

Q5 環境経営レポートに記載された文書や記録は、別途作成しなくてもよいでしょうか。

A 環境経営レポートは文書、記録の集合体ですので、これを文書類として扱うことができます。この場合、文書は最新版で管理できるように日付などで工夫をしてください。

(様式説明)

■様式12-01　環境関連文書一覧表

① 「要求事項2. 代表者による経営における課題とチャンスの明確化」の文

【様式12-01】環境関連文書一覧表

環境関連文書一覧表（記入例）

作成者： ○○　○○
更新日：2018年6月2日

項番	ガイドライン（コメントで要求事項を表示）	様式番号	文書類	備考
1	取組の対象組織・活動の明確化	ー	環境経営レポートに記載	
2	代表者による経営における課題とチャンスの明確化	2-01	課題とチャンスの整理表	文書化は要求されていない
3	環境経営方針の策定	ー	環境経営レポートに記載	
4	環境への負荷と環境への取組状況の把握及び評価	4-01	環境への負荷の自己チェックシート	事業年度ごとに作成
		4-02	環境への取組の自己チェックリスト	初年度は必須、以降環境経営計画策定時に活用
5	環境関連法規等の取りまとめ	5-01	環境関連法規等の取りまとめ表／遵守評価記録	12項で順守状況のチェック記録として用いる
6	環境経営目標及び環境経営計画の策定	6-01	環境経営計画書	12項の取組状況の確認及び問題点の是正記録を兼ねる
7	実施体制及び役割・責任	ー	実施体制及び役割・責任・権限表（環境活動レポートに記載）	
8	教育・訓練の実施	8-01	環境教育訓練計画書	
		8-02	環境教育・訓練実績記録	
9	環境コミュニケーションの実施	9-01	環境コミュニケーション記録	
10	実施及び運用	10-01	●●手順書	
		10-02	●●手順書	
11	環境上の緊急事態への準備及び対応	11-01	火災対応手順書	
		11-02	油流出対応手順書	
		ー	緊急事態試行・訓練記録（環境経営レポートに記録）	
12	文書類の作成・管理	12-01	環境関連文書一覧表・記録一覧表	
13	取組状況の確認・評価、並びに問題の是正及び予防	13-01	問題点是正・予防処置票	
		13-02	環境関連法規等の取りまとめ表／遵守評価記録	
		13-03	内部環境監査手順書	
		13-04	内部監査チェックリスト	
14	代表者による全体の評価と見直し・指示	ー	環境経営レポートに記載	
ー	環境経営レポートの作成	ー	環境経営レポート	

文書類管理手順
①文書類には、日付を入れ、作成者・記入者名前を入れる　　④文書類の保管・電子データは定期的にバックアップする
②文書類の保管場所：環境事務局　　⑤文書を改訂（更新）した場合は改定・更新日を入れる
③記録の保管期間：3年　（法等で定めがある場合はそれに従う）　　⑥廃止した文書は誤使用しないように識別して保管する

85

書化

　文書化は要求されていませんが、組織内で共有化するためにも作成することをおすすめします。

② 　手順書

　作成した手順書の名称を記入します。書ききれない場合は別表にまとめます。

③ 　文書類の管理

　最小限の管理情報を記載していますので、必要に応じて追加・変更してください。

④ 　作成者、承認者

　誰が作成し、誰が承認したかわかるように、名前を記入します。ここでは、電子媒体での管理が容易なように捺印を使わずに活字を入れることにしています。

Ⅲ 取組状況の確認及び評価（Check）

　取組状況の確認及び評価（Check）の段階のガイドラインには下記のものがあります。

要求事項13. 取組状況の確認・評価、並びに問題の是正及び予防

要求事項 13. 取組状況の確認・評価、並びに問題の是正及び予防

ガイドライン要求事項

(1)　環境経営システムに関する以下の項目の確認・評価を適切な頻度で実施する。
- 環境経営目標の達成状況
- 環境経営計画の実施状況
- 環境関連法規などの遵守状況
- 重要度の高い環境負荷の状況及び取組の実施状況

(2)　問題がある場合は是正処置を行い、問題の発生が予想される場合は、必要に応じて予防処置を実施する。

(3)　規模が比較的大きな組織の場合は、内部監査を実施する。

Q1　**適切な頻度とはどのくらいの頻度ですか。**

A　環境経営目標については、四半期ごとに確認・評価を行い、未達成の場合は環境経営計画を見直し、挽回策を取らないと年度の目標達成が困難となる可能性が高くなります。環境関連法規などの遵守状況については、少なくとも代表者による全体の評価と見直し・指示を行う前に実施して、代表者に遵守状況について報告することになります。定期報告などのし忘れや遅延の防止を図るためには、環境経営計画書に年間スケジュールを記載し、月々の実施すべきことができているかどうかをチェックするとよいで

しょう。

Q2 **重要度の高い環境負荷の状況及び取組の実施状況とはどのようなことでしょうか。**

A 汚水を処理して河川や下水道に排出している場合、燃焼ガスや粉じんを処理して大気に放出している場合、大きな騒音や振動設備を有して作業をしている場合、有害物質を扱って作業をしている場合など、基準値を守っているか、決められた作業を行っているかなどを日常的に確認・評価することが必要となります。この場合は、環境や経営に与える影響を考慮して、日誌やチェックリストなどで日常的に確認することになります。

Q3 **問題点とはどのようなものですか。**

A 環境経営システムの不適合、環境経営目標未達成時の放置、計画の取組未実施、事故・緊急事態の発生、外部からの環境上の苦情、法規逸脱、代表者・環境管理責任者が問題としたこと、エコアクション21の審査での指摘などがあります。

Q4 **是正処置と予防処置はどのような違いがありますか。**

A 是正処置は問題が起こってしまったことに対する処置（再発防止）のことで、予防処置は問題が起きる前に行う処置（未然防止、水平展開）のことです。

Q5 **内部監査はどの程度の規模の場合に実施が要求事項となるのでしょうか。**

A 規模が比較的大きな組織（概ね100人以上）では、年に1回以上内部監査の実施が必要です。なお、自治体については必須事項となっています。

Q6 内部監査の実施方法はどのようにしたらよいでしょうか。

A 　組織が大きくなると、代表者（場合によっては環境管理責任者）が全体の実施状況を把握できなくなります。このため、代表者は内部監査員を任命（選任）して、自分に代わって全体の実施状況を確認してもらい、報告を受けることになります。内部監査の対象は内部監査の依頼者を除くすべてが対象となり、ガイドラインの要求事項や自組織が決めた取決めが、適切であるか、適切に実施されているかなど、文書、記録、現場観察などでチェックを行います。内部監査の方法は、個別に部門や工場などを回って行うほかに、会議の中で内部監査員がチェックを行うなどの方法もあります。内部監査は中立性が求められていますので、自部門を自分で監査することは適切ではありません。

　なお、「エコアクション21ガイドライン」に内部監査の実施方法等について例示されていますので参考にしてください。

様式説明

■様式13-01　問題点是正／予防処置票

① 　問題点是正／予防処置票を使う場面

　環境経営システムの不適合、環境経営目標・計画の取組未実施、事故・緊急事態の発生、外部からの苦情、法規逸脱などがあります。代表者・環境管理責任者からの指摘、審査での指摘も問題点としてこの様式で是正策をとることをおすすめします。

② 　原因

　再発防止のためには原因を掘り下げ、真の原因を突き止めることがポイントです。なぜ火災が起きてしまったのか、なぜ消火器で消火できなかったのか、なぜ消火器が期限切れで使えなかったのか、なぜ消火器の期限切れのチェックをしていなかったのか、なぜ消火器の点検のルールが決まっていなかったのかなど、なぜを5回繰り返すと真の原因にたどり着くと言われています。

問題点是正／予防処置票

①問題点が発生したら、すぐに応急処置をとる
②問題点発生の原因を突き止める
③問題点を取り除く処置(是正＝再発防止)をとる
④必要に応じて予防処置を取る(水平展開、未然防止)

1．問題となった事項

□環境経営システム □環境経営目標・計画 ☑事故・緊急事態 □外部からの苦情 □法規
□代表者・環境管理責任者からの指摘 □審査での指摘 □その他(いずれかに☑)

発生日時：2018年6月18日　　　　発生部門：第1工場	報告者
(内容) 早朝に、大阪北部地震が発生し、次のような事態となった。 ①従業員の安否確認が正午過ぎまでかかった。 ②倉庫の棚が動き、棚から製品が落下し、破損した。 ③工作機械の位置がずれてしまい、稼働するまで5日間かかり納品が遅れた。 ④顧客から連絡が遅いと苦情があった。	○○
(原因) ①安否確認のルールが決まっていなかった。 ②棚が固定されていなかった。 ③工作機械が固定されていなかった。 ④顧客に納期の情報を正しく伝えるルールが決まっていなかった。	環境管理 責任者
(応急対応) ①安否確認のルールを決めた。 ②棚をロープで固定した。 ③工作機械をアンカーボルトで固定した。 ④顧客に連絡方法を決めることを約束した。	○○

2．是正処置 (再発防止)

是正処置の決定 (内容)		結果確認		報告者
月／日	(いつまでに 誰が 何を)	月／日	(確認した文書や記録)	
	①総務部長が安否確認のルールを文書化し、実際に有効かどうかを○月○日までに検証する。		安否確認手順書 顧客への連絡手順書	○○
○／○	②棚をアンカーボルトで固定するとともに上部で隣の棚と固定した。		(確認した活動)	
	③工作機械固定を業者に検証してもらい、補強を行った。 ④顧客への連絡手順を定めた。		棚、機械の固定方法	

3．予防処置 (潜在的な原因の除去)　　　□必要　　　□不要

* 問題点が他の部署やサイトで発生する、又は類似した問題点が発生する可能性のある場合

予防処置の決定 (内容)		結果確認 (有効性)		報告者
月／日	(いつまでに 誰が 何を)	月／日		
	地震への対応手順が整備されたが、台風の影響による建物の破損、雨漏れによる電気系統の障害、従業員の帰宅困難などさまざまが課題が浮かび上がった。 また、顧客への影響を最小限にすることも必要と考え、BCPを策定することにした。		BCPが策定されたことを確認した。 また、台風による被害を想定した訓練の実施により、一部BCPを見直し、有効な手順書になったと判断できる。	○○
○／○		○／○		環境管理 責任者
			これを機に、BCP訓練は毎年6月に実施すること。	○○

問題点 (不適合) とは：環境関連法規制の逸脱、決められた事項が守られていない状況、審査人からの指摘事項、その他代表者及び環境管理責任者が問題点として指摘した事項

但し、次の事項は所定の様式を用いてもよい　環境経営目標・環境経営計画の未達成：環境経営計画書、苦情：環境コミュニケーション記録

保管：環境事務局

③　応急対応

　まずは、人の安全確保を行い、そのうえで、環境影響を最小限に抑える措置を講じます。

④　是正処置（再発防止）

　再発防止のためには真の原因を取り除きます。

⑤　予防処置（潜在的な原因の除去）

　ヒヤリ・ハットで見つけた潜在的な原因を除去したり、ほかの場所で起こった事故などを参考に自社で対応策を講じたりすることです。

⑥　有効性の確認

　対応をとった処置が再発防止となっているか、予防措置となっているか、その有効性を確認し、問題があれば、さらに対応策を講じます。

■様式13-02　内部環境監査手順書

　サンプルとして一例を示しています。自組織の規模や内容にあわせて作成してください。

■様式13-03　内部環境監査チェックリスト

　サンプルとして一例を示しています。自組織の規模や内容にあわせて作成してください。システムの構築・運用状況に加えて、現場観察で取組状況を確認してください。

【様式13-02】内部環境監査手順書

		承認	作成

ABC株式会社 制定：2018年8月16日	内部環境監査手順書	様式：13-03 担当部署：環境事務局

1. 目的
   この手順は、環境経営システムが、エコアクション21ガイドライン要求事項に合致しているか、その環境経営システムに有効性があるか、また、環境経営システムに定められている活動内容が環境経営方針、環境経営目標の達成に適切なものとなっているか、検証することを目的とする。
2. 適用範囲
   この手順は、当社の環境経営システムに定める組織を被監査部署として行う内部環境監査に適用する。
3. 内部環境監査員の教育と選任

   環境管理責任者または事務局は、内部監査員候補を対象に内部監査に必要な力量を持つための教育を行い、内部監査の力量を有するものを内部監査員として選任する。教育記録は様式8-02環境教育訓練記録に残す。
4. 内部環境監査の準備
   1）内部環境監査計画の作成
      事務局は、「環境経営計画書」（様式6-01）に監査計画月を計画する。
   2）内部環境監査チームの決定
      ①事務局は、被監査部門に応じた内部環境監査員を選定し、2名編成の内部環境監査チームを決定する。この際、内部環境監査員自らが所属する部門を監査しないよう配慮し、客観性及び公平性を確実にする。
      ②監査チームは被監査部門の責任者と監査スケジュールの調整を行い、日程を決める。
   3）内部環境監査チェックリストの準備
      ① 事務局は、「内部環境監査チェックリスト」（様式13-03）を準備する。

      ②内部監査チームは、前回の監査や審査での指摘事項や提案事項の対応状況を確認し、必要に応じてチェックリストに追加する。
5. 内部環境監査の実施
   1）監査チームは各部門において、文書類の確認と現場観察を行い、必要に応じ客観的証拠をチェックリストに記録する。客観的証拠とは、場所、対象、内容及び観察した事象のことである。
   2）監査チームは問題点ありとした事項について、「問題点是正／予防措置票」（様式13-01）に記録し、事務局に報告するとともに被監査部門の責任者に提出する。
6. 是正処置／予防処置
   被監査部門は指摘に対して原因と原因に基づく是正処置を実施する。これらの結果は「問題点是正／予防処置票」（様式13-01）に記録する。
7. 代表者による全体の評価と見直しへの反映
   環境管理責任者・事務局は、「問題点是正／予防処置票」に基づき監査結果を代表者に報告する。

   文書類
   ・様式6-01　環境経営計画書（内部環境監査計画を織り込んだもの）
   ・様式8-02　環境教育訓練記録（内部環境監査員の教育訓練を記録したもの）
   ・様式13-03　内部環境監査チェックリスト
   ・様式13-01　問題点是正/予防処置票

   ＜改訂記録＞

版	改訂日	改訂内容・改訂理由
2	2018年9月3日	「内部環境監査員の教育と選任」の一部をよりわかりやすく改訂。

【様式13-03】内部環境監査チェックリスト

更新日： 2018/11/10

内部環境監査チェックリスト（環境経営システム）（記入例）

内部監査実施日；

監査チーム：

内部環境監査の評価基準

S：優れた点（エコアクション21要求事項や自社が決めたルールを満たした上に特に優れており模範となる
A：問題点なし（エコアクション21要求事項や自社が決めたルールを満たしている）
B：改善が必要な点（エコアクション21要求事項や自社が決めたルールが、一部に改善または努力を要する
C：重大な問題点（エコアクション21要求事項や自社が決めたルールが完全に欠落している。あるいは、
　　システムまたは手順が完全に機能していない。

内部監査の重点項目は 5環境法の特定・遵守評価　6環境経営目標と計画　8教育・訓練の実施
10実施及び運用　11緊急事態の準備対応

今回の内部監査の目的

・ 例)今回の内部監査は、緊急事態の対応備品、環境設備の点検に関する確認。

前回監査の是正事項と確認

・

１．取組の対象組織・活動の明確化

No.	設問	評価			証拠／コメント
1-1	対象外のサイト、活動がある場合はそのことを環境経営レポートに明記していますか				

２．代表者による経営上の課題とチャンスの明確化

No.	設問	評価			証拠／コメント
2-1	代表者は課題とチャンスを明確にしていますか				
2-2	課題とチャンスを方針や目標に展開していますか				

３．環境経営方針の策定

No.	設問	評価			証拠／コメント
3-1	掲示や朝礼等により、全ての従業員（常駐業者も含む）に周知していますか		B		課の方に尋ねたら、環境方針があることを知らない。

４．環境への負荷と環境への取組状況の把握及び評価

No.	設問	評価			証拠／コメント
4-1	必須項目の二酸化炭素排出量、廃棄物排出量、水使用量、化学物質使用量（PRTRの対象物質）は把握していますか		B		PRTR対象の化学物資が把握されていません。
4-2	環境への取組の自己チェックリストを活用していますか				

５．環境関連法規等の取りまとめ

No.	設問	評価			証拠／コメント
5-1	部門で遵守しなければならない環境関連法規、条例、その他の環境要求事項は一覧表に取りまとめられていますか		B		フロン排出抑制法が抜けています。法規制の最新化に課題があります。
5-2	公害を発生させる設備等の届出、廃棄物管理票の管理、有資格者の選任・届出など、法を守れるようにしていますか				マニフェスト年間報告書を提出する担当者が決まっておらず提出されていません。

Ⅳ 全体の評価と見直し（Act）

全体の評価と見直し（Act）の段階のガイドラインには下記のものがあります。

要求事項14. 代表者による全体の評価と見直し・指示

要求事項 14. 代表者による全体の評価と見直し・指示

> **ガイドライン要求事項**
> 　代表者は、定期的にエコアクション21に基づく環境経営全体の取組状況及びその効果を評価し、以下の項目を含む総括的な見直しを実施し、必要な指示を行う。
> - 環境経営方針
> - 環境経営目標及び環境経営計画
> - 実施体制

Q1　定期的にとはいつ頃実施すればよいですか。

A　当該年度の結果を振り返って、次年度の取組を継続的に改善するためには、事業年度の結果が出る時期か、見込める時期に実施するのがよいでしょう。毎年、同じ時期に定期的に実施します。

Q2　環境経営全体の取組状況及びその効果とはどのようなものですか。

A　環境経営目標や環境経営計画の達成状況、環境関連法規などの遵守状況、実施体制について、適切であるか、妥当であるか、有効であるかを判断します。

Q3 総括的な見直し、指示とはどのようにすればよいのですか。

A 「課題とチャンス」を再整理して、環境経営方針に盛り込む必要はないか、環境経営目標はこのままでよいのか、実施体制は機能しているか、などを評価し、継続改善につながる指示を環境管理責任者に出します。代表者として、今後の環境経営の方向性を示すことが重要です。

Q4 記録は必要ですか。

A 「要求事項12. 文書類の作成・管理」で必要な書類として、「代表者による全体の取組状況の評価と見直し・指示の結果」がありますので、記録を残すことが必要です。本項では環境経営レポートに記載することになっていますので、これを記録として扱うとよいでしょう。

（様式説明）

■様式14-01　代表者による全体の評価と見直し・指示

① 日付

代表者による全体の評価と見直し・指示を行った日を記載します。

② 見直し・指示の内容

この1年の取組状況を振り返って総括し、今後どのような考え方で臨むのか、経営者の目線で、経営的見地から見直し・指示した内容を記載します。

③ 変更の必要性

経営方針、環境経営目標・環境経営計画、実施体制などについて、変更の必要性について言及します。

【様式14-01】代表者による全体の評価と見直し・指示

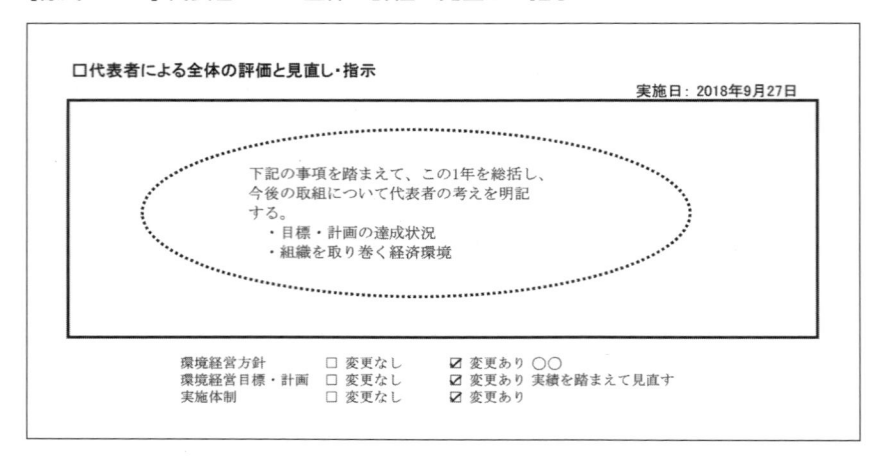

Column

エコアクション21とSDGs

―社長さん、御社はすでに国際目標に取り組んでいます―

「持続可能な開発目標」(Sustainable Development Goals：SDGs)とは、2016年から2030年までの国際目標です。2015年9月25日から27日にかけて「国連持続可能な開発サミット」にて策定されました。しかし、中小企業にとっては、そんなグローバルな目標は考えもしない遠くの目標と認識しています。これが大きな間違いなのです。中小企業にはこのような情報がないのも事実ですが、エコアクション21を運用している企業は、少なくともエコアクション21の審査員からの情報と、目標を達成するためのシステムをすでに持っているのです。エコアクション21を運用している中小企業での社長と審査員との雑談を紹介します。

社長「事業活動そのものが環境改善であることが何かのきっかけがあると意識は変わるものですね。ところでと言っては何ですが、この次はどうなるのでしょう？」

審査員「そうですねぇ。エコアクション21は目標があれば理論的にはどんな目標でも達成できる道具です。最近話題になっているのはSDGsです。」

社長「何ですか？それは。」

審査員「SDGsは2016年から2030年までの国際目標です（いろいろ説明しました）。」

社長「そんな、国際的な目標をうちみたいな中小企業ができるわけないでしょ。」

審査員「そんなことありませんよ。これも、ちょっと思考を変えるだけでいいんです。SDGsはグローバル企業の戦略指針ともなっています。例えば、エコキャップ運動をされていますね。これはSDGsの項目3"すべての人に健康と福祉を"に貢献する取組です。さらに、昨年、女性技術者を雇用され、女子トイレを新築されましたね。これはSDGsの項目5"ジェンダー平等を実現しよう"と項目8"働きがいも経済成長も"に貢献する取組です。今日、社屋屋上にソーラーパネルを設置する計画をお聞きしました。これ

は項目7"エネルギーをみんなに　そしてクリーンに"に貢献する計画です。エコアクション21では緊急事態の特定と試行訓練が要求されています。御社は火災を想定されていますが、これを気候変動による原因に対する緊急事態、例えば、浸水、土砂崩れ、竜巻、台風などの予防対策にするなら、項目13"気候変動に具体的な対策を"の取組になるし、エコアクション21を構築運用していること自体が項目13に貢献する活動となります。さらに、事業継続計画（BCP）を構築されますと項目11"住み続けられるまちづくりを"にあたる強靭な企業づくりに貢献することになります。御社では、水処理設備や化学薬品のタンクを製造されているので商売そのものが水を守る活動であり、項目14の"海の豊かさを守ろう"に貢献する事業

持続可能な開発目標（SDGs）と中小企業の事業や活動の例

SDGs	中小企業の事業や活動の例
1 貧困をなくそう	気候変動による難民を防止（CO_2削減活動）、貧困地域への経済的貢献
2 飢餓をゼロに	気候変動による水害・干ばつの防止（CO_2削減活動）、農作物品種改良、飢餓地域への供給
3 すべての人に健康と福祉を	気候変動による病気を防止（CO_2削減活動）、有害化学物質適正管理、健康産業への貢献
4 質の高い教育をみんなに	社内研修、社外研修、見学会受入
5 ジェンダー平等を実現しよう	女性の雇用率向上、技術・技能職・専門職への女性採用
6 安全な水とトイレを世界中に	水の有効利用、水処理産業への貢献、トイレ産業への貢献
7 エネルギーをみんなにそしてクリーンに	再生エネルギーへのシフト、再生エネルギー産業への貢献、開発途上国への再生エネルギー貢献
8 働きがいも経済成長も	働きがいのある会社づくり（企業理念、働き方改革、生産性向上・改革）
9 産業と技術革新の基盤をつくろう	持続可能な産業化（異業種・同業者との地域連携、匠の技の継承、伝統工芸のマッチング）
10 人や国の不平等をなくそう	外国人技術研修生等受入・平等な待遇
11 住み続けられるまちづくりを	気候変動や地震に強い安全で強靭・持続可能な都市づくりに貢献
12 つくる責任つかう責任	持続可能な資材の利用、環境性能の優れた製品づくり、グリーン購入、廃棄物3Rの推進
13 気候変動に具体的な対策を	エコアクション21の運用による温室効果ガス削減、温暖化適応策（緊急事態、BCP、品種改良、熱帯病対策）
14 海の豊かさを守ろう	水環境保全（汚染拡散予防）、海洋堆積物・富栄養化予防、海岸保全、持続可能な漁業（MSC等）
15 陸の豊かさも守ろう	森林保全（熱帯林保護、適切な間伐、植林）、FSC製品取扱い、グリーン購入
16 平和と公正をすべての人に	気候変動による紛争をなくすための温暖化対策（CO_2削減活動）、社会貢献活動参画
17 パートナーシップで目標を達成しよう	自組織のネットワーク、地域のコミュニティ、自治体との連携

（出典）国際連合広報センターウェブサイト掲載資料をもとに筆者作成

であると言えます。」

社長「しかし、うまいこと言いますね。前回の審査も時短やミス・ロス削減は環境負荷を下げると言いくるめられ、今回も、世界の目標をすでにやっていると洗脳されそうです。」

審査員「そうですか？事業活動と環境の関係も"こじつけ"はかなりありますが、考え方次第で社員さんのモチベーションが上がるのは結構なことです。それだけ、御社は柔軟に物事を理解できる素晴らしい会社であるということです。今度は、自社の事業や活動をどのようにSDGsへ貢献するかを考えSDGsの17の目標にあてはめて、国際目標をめざす会社であることをアピールしてみてはどうですか。」

　このように、国際目標と中小企業の活動はなかなか関連付けが困難で、かなり"こじつけ"も必要でしょう。こじつけゆえに、正確にはSDGsに組み込まれた169のターゲットにそぐわないこじつけもあるかもしれません。しかし、中小企業であってもエコアクション21を利用して、時代のニーズに応えていることをアピールすることが今後の企業価値に重要な意味があるように思うのです。

(出典) 国際連合広報センターウェブサイト

2 環境情報を用いた コミュニケーション

環境情報を用いたコミュニケーションの段階のガイドラインには下記のものがあります。

1. 環境経営レポートの作成
2. 環境経営レポートの公表と活用

1. 環境経営レポートの作成

ガイドライン要求事項

次の項目を盛り込んだ環境経営レポートを定期的に（原則毎年度）作成する。

■計画の策定（Plan）

(1) 組織の概要（事業者名、所在地、事業の概要、事業規模など）

(2) 対象範囲（認証・登録範囲）、レポートの対象期間及び発行日

(3) 環境経営方針

(4) 環境経営目標

(5) 環境経営計画

■計画の実施（Do）

(6) 環境経営計画に基づき実施した取組内容（実施体制を含む）

■取組状況の確認及び評価（Check）

(7) 環境経営目標及び環境経営計画の実績・取組結果とその評価（実績には二酸化炭素排出量を含む）、並びに次年度の環境経営目標及び環境経営計画

> (8) 環境関連法規などの遵守状況の確認及び評価の結果、並びに違反、訴訟などの有無
>
> ■全体の評価と見直し（Act）
>
> (9) 代表者による全体の評価と見直し・指示

Q1 記載する順序を変えてはいけませんか。

A ガイドライン要求事項の9つの要素が含まれていれば、その記載の順番は問いません。創意工夫して読みやすいようにしてください。

Q2 会社案内と一体化してもよいのでしょうか。

A 会社案内として作成してもかまいません。表紙を「会社案内」とする場合は、「エコアクション21環境経営レポートが含まれている」旨を表紙に明記してください。

Q3 組織の概要、対象組織にはどのように記載すればよいのでしょうか。

A 「要求事項1. 取組の対象組織・活動の明確化」で記載した内容です。産業廃棄物処理業者向けガイドラインでは情報公表項目を規定していますので業種別ガイドラインをご覧ください。

Q4 段階的認証取得の場合はどのように記載すればよいのでしょうか。また、4年を過ぎても全組織に拡大できなかった場合はどのように記載すればよいのでしょうか。

A 4年以内に段階的に対象範囲を拡大する方針とスケジュールを記載します。4年を過ぎても全組織に拡大できなかった場合はサイト認証となりますが、拡大の計画があればそのスケジュールを記載してください。

Q5 発行日について、発行した後に変更した場合はどのように記載すればよいのでしょうか。

A 発行日あるいは作成日に加えて、更新日を記載することをおすすめします。

Q6 環境目標は当該年度だけでよいのでしょうか。

A 当該年度（単年度）目標と中期目標の記載が必要です。

Q7 二酸化炭素排出量は原単位のみでもよいですか。

A 目標と実績を原単位で管理して取り組んだ場合も、実績には総量も併記します。

Q8 電力の二酸化炭素排出係数は記載が必要ですか。

A 使用する電気事業者の国が公表する電気事業者ごとの調整後排出係数を記載します。

Q9 電力、燃料は使用量（kWh、㎥、kg）の数値だけでよいのでしょうか。

A 必ず二酸化炭素排出量も記載が必要です。

Q10 環境関連法規等の遵守状況及び違反、訴訟等の有無についてはどのように記載すればよいのでしょうか。

A 適用される主な環境関連法規等の一覧及びそれらの遵守状況を確認した結果として、「環境関連法規への違反はありません。なお、関係

当局より違反等の指摘はありません」というように、環境関連法規への違反がないことを自ら確認していること、及び関係当局より違反等の指摘がないことを記載することが必要です。食品関連事業者は食品リサイクル法に基づく、事業者ごとの基準実施率の達成状況を記載します。

2. 環境経営レポートの公表と活用

> **ガイドライン要求事項**
> 環境経営レポートを公表する。可能な場合はインターネットのウェブサイトに掲載する。

Q 環境経営レポートの活用方法にはどのようなものがありますか。

A 社内報、取引先へ配布、就職活動者へ配布など社内外での活用をおすすめします。また、「環境コミュニケーション大賞」や「環境人づくり企業大賞」への応募をおすすめします。

様式説明

■環境経営レポート（例）

　記載が必要な9項目を盛り込んだサンプルを示します。利害関係者も閲覧することがありますので、環境への取組を深める中で環境経営レポートを充実させてください。また、社内外で活用するとともに、「環境コミュニケーション大賞」に応募して、ぜひとも受賞をしてほしいと思います。認証取得事業者の環境経営レポートは中央事務局のウェブサイトで見ることができます。

① 表紙

　環境経営レポートの顔となりますので、手に取って読みたくなるようなデザインの工夫をしてください。

② 表紙の日付

発行日あるいは作成日を記載します。更新した場合は更新日も記載します。

③　あいさつ

代表者の環境に取り組む姿勢や意思を述べるとよいでしょう。

④　組織の概要

組織の全体の概要を記載します。産業廃棄物処理業者向けガイドライン適用の組織は情報公表項目を記載します。製品やサービスの紹介もするとよいでしょう。

⑤　対象範囲

認証登録の対象となるサイト、活動を記載します。段階的認証の場合は登録から4年以内に拡大するスケジュールを記載します。

⑥　主な環境負荷の実績

過去3年程度の実績を記入します。サンプルは環境への負荷の自己チェック表から自動転記しています。グラフも入れるとよいでしょう。

⑦　環境経営目標及びその実績

基準年度、目標、実績を記入します。サンプルは環境経営計画書から自動転記しています。初年度において期の途中で登録審査を受ける場合は、期の途中で環境経営レポートをまとめることになります。サンプルでは、審査後に年度（1年間）の集計が容易なように、期初からのデータを入れるようにしています。中期計画として、当該年度と次の2年間の目標を記載しています。

⑧　環境経営計画の取組結果とその評価、次年度の環境経営計画

サンプルでは、環境経営計画書から自動転記するようにしています。次年度の取組計画を必ず記載します。グラフと月別のデータも記載していますが記載は任意です。写真やコメントを入れて活動を紹介しましょう。

⑨　環境関連法規等の遵守状況の確認及び評価の結果、並びに違反、訴訟の有無

様式5-01環境関連法規等の取りまとめ表の環境関連法規を記載します。また、遵守状況の確認及び評価の結果及び違反、訴訟の有無についても記載します。サンプルではガイドラインの解釈に書かれた内容を記載しています。

食品関連事業者は食品リサイクル法の事業者ごとの基準実施率の達成状況も記載するようにしてください。

⑩　外部からの環境上の苦情・要望等

　記載は任意ですが、CSRの観点から記載するとよいでしょう。

⑪　緊急事態対応の試行・訓練

　サンプルでは環境経営レポートに記録するようにしています。サイト数（拠点）が多い場合は一部を紹介するとよいでしょう。

⑫　代表者による全体の評価と見直し・指示

　サンプルでは環境経営レポートに記録するようにしています。経営的観点から、組織の方向や取組について述べます。継続的改善を図るために指示することが重要です。環境経営方針、環境経営目標・環境経営計画、実施体制などについては変更の必要性について言及します。

⑬　これまでの環境活動の紹介

　これまでに取り組んできた環境活動を写真とコメントで紹介する欄を設けています。全員参加で取り組んでいる様子なども載せるとよいでしょう。何年か経つと取組の成果を実感できるようになると思います。

⑭　編集後記

　任意ですが、環境経営レポート編集に携わって苦労した点や読んでほしい点などを書くとよいでしょう。

組織の特徴を表す写真・イラストなどを
入れる

ABC株式会社

2018　年度　環境経営レポート

（対象期間 2018 年4月1日〜　2019 年3月31日）

事業所の写真、従業員の集合写真、
製品（商品）等の写真を入れる

エコアクション２１の
ロゴマークや組織の
ロゴマークを入れる

作成日：　2018年10月1日

目　　次

項　　目	ページ
ごあいさつ	
環境経営方針	
組織の概要	
事業・製品の紹介	
環境経営組織図及び役割・責任・権限表	
主な環境負荷の実績	
環境経営目標及びその実績	
環境経営計画の取組結果とその評価	
環境関連法規等の遵守状況の確認及び評価の結果，並びに違反，訴訟等の有無	
緊急事態対応訓練	
代表者による全体の評価と見直し・指示	
これまでの環境活動の紹介	

空きスペースは商品紹介、従業員の紹介、
取組の紹介などに活用する

□ごあいさつ

エコアクション２１を活用して取組を
推進する代表者の思いや意思を明記する

環境経営方針

＜環境経営理念＞

　私たちは、ますます深刻化する地球温暖化や、今後予想される地下資源の枯渇への対応が人類共通の重要課題との認識に立ち、本業である〇〇の生産を通じて、地球温暖化問題への取り組みや地域の環境活動に自主的・積極的に取り組みます。
　安全で安心していただける商品を効率よく、無駄なく、タイムリーにお客様に提供することが当社の一番の環境対策と考えて、従業員一丸となって継続的に改善活動に取り組んでまいります。

＜環境保全への行動指針＞

１．環境関連法規制や当社が約束したことを遵守します。

２．創意工夫による省エネルギーにより二酸化炭素排出量の削減に努めます。

３．廃棄ロスをなくす等廃棄物の発生抑制につとめ、食品リサイクル率の向上に努めます。

４．適正な利用により水使用量の削減に努めます。

５．洗浄剤や殺菌剤などの適正管理に努めます。

６．安心で安全な商品を効率よくタイムリーにお客様にお届けします。

７．地域や関係団体の環境活動に積極的に参加します。

代表者の
写真を入れる

制定日： 2018年4月1日

代表取締役社長　　環境太郎

□組織の概要

（1）名称及び代表者名
ABC株式会社
代表取締役社長 　〇〇　〇〇

（2）所在地

本　　社	〇〇県〇〇市〇〇区〇〇丁目〇番〇号
〇〇工場	〇〇県〇〇市〇〇区〇〇丁目〇番〇号
〇〇支店	〇〇県〇〇市〇〇区〇〇丁目〇番〇号
△△倉庫	〇〇県〇〇市〇〇区〇〇丁目〇番〇号
□□工場	〇〇県〇〇市〇〇区〇〇丁目〇番〇号

（3）環境管理責任者氏名及び担当者連絡先

責任者	〇〇部長	〇〇　〇〇	TEL：＊＊－＊＊＊＊－＊＊＊＊
担当者	〇〇部	〇〇　〇〇	TEL：＊＊－＊＊＊＊－＊＊＊＊

（4）事業内容
〇〇の製造

（5）事業の規模
売上高　　　　　　　〇〇〇〇 万円

		本　　社	〇〇工場	〇〇支店	△△倉庫	合計
従業員	名	〇〇 名	〇〇 名	〇〇 名	〇〇 名	〇〇〇
延べ床面積	㎡	〇〇 ㎡	〇〇 ㎡	〇〇 ㎡	〇〇 ㎡	〇〇〇

（6）事業年度　　　　4 月　1 日 ～　3 月 31 日

□認証・登録の対象組織・活動

登録組織名：	ABC株式会社
対象事業所：	本　　社
	〇〇工場
	〇〇支店
	△△倉庫
対象外：	□□工場　　　　2020年までに認証取得
活　動：	〇〇の製造

□事業や製品（商品）の紹介

・主な事業の紹介
・商品の紹介
・サービスの紹介
などを載せる

空きスペースは商品紹介、従業員の紹介、
取組の紹介などに活用する

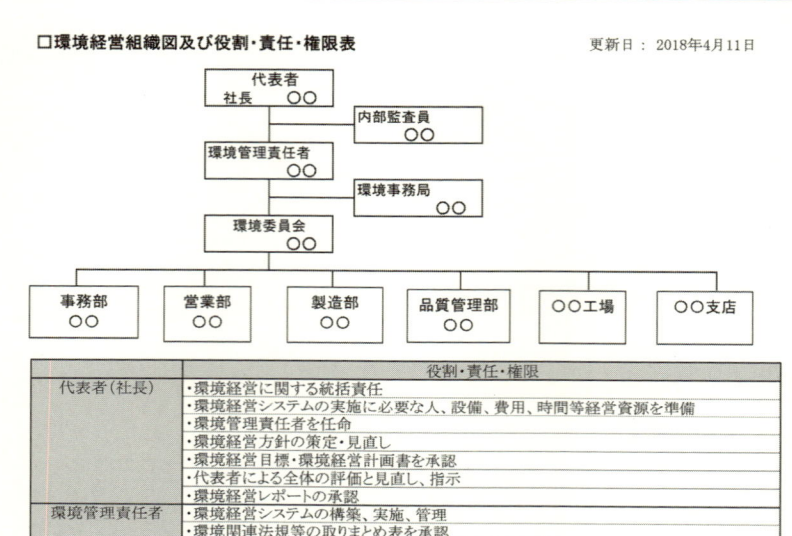

□環境経営組織図及び役割・責任・権限表　　　　　　　　更新日 ： 2018年4月11日

	役割・責任・権限
代表者(社長)	・環境経営に関する統括責任
	・環境経営システムの実施に必要な人、設備、費用、時間等経営資源を準備
	・環境管理責任者を任命
	・環境経営方針の策定・見直し
	・環境経営目標・環境経営計画書を承認
	・代表者による全体の評価と見直し、指示
	・環境経営レポートの承認
環境管理責任者	・環境経営システムの構築、実施、管理
	・環境関連法規等の取りまとめ表を承認
	・環境経営目標・環境経営計画書を確認
	・環境活動の取組結果を代表者へ報告
	・環境経営レポートの確認
環境事務局	・環境管理責任者の補佐、環境委員会の事務局
	・環境負荷の自己チェック及び環境への取組の自己チェックの実施
	・環境経営目標、環境経営計画書原案の作成
	・環境活動の実績集計
	・環境関連法規等取りまとめ表の作成及び最新版管理
	・環境関連法規等取りまとめ表に基づく遵守評価の実施
	・環境関連の外部コミュニケーションの窓口
	・環境経営レポートの作成、公開(事務所に備え付けと地域事務局への送付)
環境委員会	・環境経営計画の審議
	・環境活動実績の確認・評価
部門長	・自部門における環境経営方針の周知
	・自部門の従業員に対する教育訓練の実施
	・自部門に関連する環境活動計画の実施及び達成状況の報告
	・自部門に必要な手順書の作成及び手順書による実施
	・自部門の想定される事故及び緊急事態への対応のための手順書作成
	・試行・訓練を実施、記録の作成
	・自部門の問題点の発見、是正、予防処置の実施
内部監査チーム	・環境に関する内部監査の計画
	・環境に関する内部監査の実施・報告
全従業員	・環境経営方針の理解と環境への取組の重要性を自覚
	・決められたことを守り、自主的・積極的に環境活動へ参加

□主な環境負荷の実績

項　目	単位	2016年	2017年	2018年
二酸化炭素総排出量	kg-CO₂	31,000	28,612	
廃棄物排出量				
一般廃棄物排出量	トン	1,350	1,200	
産業廃棄物排出量	トン	26,000	24,000	
総排水量	㎥	1,320	1,200	

※二酸化炭素排出係数　　0.493　kg-CO2/kWh　電力会社の調整後の係数

□環境経営目標及びその実績

項　目 ＼ 年度		基準値	2018年 上段：通期 下段：12月末まで		評価	2019年	2020年
		(基準年)	(目標)	(実績)		(目標)	(目標)
電力による二酸化炭素削減	kg-CO2	4,979	4,880			4,780	4,730
		3,648	3,575	3,752	×		
	基準年度比	2017年	98%	103%		96%	95%
都市ガスによる二酸化炭素削減	kg-CO2	14,350	14,063			13,776	13,632
		10,606	10,394	10,024	○		
	基準年度比	2017年	98%	95%		96%	95%
自動車燃料による二酸化炭素削減	kg-CO2	9,084	8,903			8,812	8,721
		6,813	6,677	5,423	○		
	基準年度比	2017年	98%	80%		97%	96%
上記二酸化炭素排出量合計	kg-CO2	28,413	27,845			27,368	27,084
一般廃棄物の削減	kg	1,200	1,116			1,116	1,080
		900	855	870	×		
	基準年度比	2017年	93%	97%		93%	90%
○○廃棄物の削減	kg	1,200	1,080			960	840
	基準年度比	2017年	0.9	0.9		0.8	0.7
食品廃棄物の再資源化率の向上	%	10%	38%	56%	○	40%	42%
水道水の削減	㎥	1,200	1,140			1,104	1,080
	基準年度比	2017年	95%			92%	90%
洗浄剤使用量削減	kg	870	827			800	783
	基準年度比	2017年	95%	66%		92%	90%
グリーン購入の推進 （オフィス用品G購入率）	% （金額率）	—	30%	65%	○	40%	50%
環境に配慮した生産活動			行動目標（次項による）				

□環境経営計画の取組結果とその評価、次年度の環境経営計画

数値目標：○達成 ×未達成
活動：◎よくできた ○まあまあできた △あまりできなかった ×全くできなかった

電力による二酸化炭素削減	達成状況	取組結果とその評価、次年度の取組計画
数値目標	×	総量では6%の増加となったが、原単位では約3%の削減となった。空調温度の適正化に取り組み定着できた。ノー残業デーはほとんど浸透していない。業務効率化の推進が課題であり、次年度は改善活動を推進する。
・空調温度の適正化(冷房28℃ 暖房20℃)	○	
・不要照明の消灯	△	
・ノー残業デーの実施	×	
・生産工程の待機時間短縮	○	
・空気圧縮機のエア洩れ点検	△	

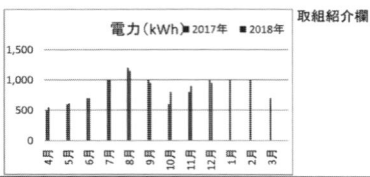

取組紹介欄

	4月	5月	6月	7月	8月	9月	10月	11月	12月	1月	2月	3月
2017年	500	600	700	1,000	1,200	1,000	600	800	1,000	1,000	1,000	700
2018年	550	610	700	1,000	1,150	950	800	900	950			

都市ガスによる二酸化炭素削減	達成状況	取組結果とその評価、次年度の取組計画
数値目標	△	調査したところボイラの空気比が1.6と高かったため、調整し、1.3にすることができたことが削減につながった。次年度は今期できなかった蒸気配管の保温工事を実施する。
・ボイラ・加熱炉の空気比	○	
・蒸気・温水配管の保温修理	×	
・温水温度の適正化	△	
・		

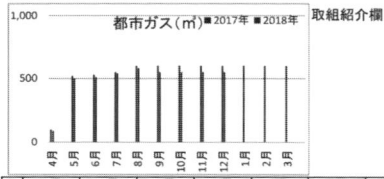

取組紹介欄

	4月	5月	6月	7月	8月	9月	10月	11月	12月	1月	2月	3月
2017年	100	520	530	550	600	600	600	600	600	600	600	600
2018年	90	500	510	540	580	550	550	550	550			

自動車燃料による二酸化炭素削減	達成状況	取組結果とその評価、次年度の取組計画
数値目標	○	外部講師を招いてエコドライブ講習を行い、実際にシュミレーション運転を行ったことでエコドライブが定着してきた。次年度はエリア別営業活動の見直しを行い成果を出す。
・アイドリングストップ	○	
・効率的なルートで配送	○	
・エリア別営業活動の見直し	△	

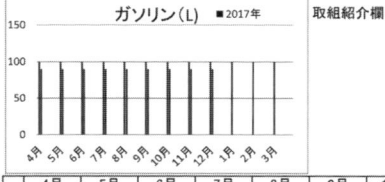

取組紹介欄

	4月	5月	6月	7月	8月	9月	10月	11月	12月	1月	2月	3月
2017年	100	100	100	100	100	100	100	100	100	100	100	100
2018年	90	90	90	90	90	90	90	90	90			

□環境関連法規等の遵守状況の確認及び評価の結果、並びに違反、訴訟の有無
法的義務を受ける主な環境関連法規制は次のとおりです。

適用される法規制	適用される事項（施設・物質・事業活動等）
廃棄物処理法	一般廃棄物、産業廃棄物（廃プラ、廃ガラス、廃油等）
食品リサイクル法	食品廃棄物
容器包装リサイクル法	容器包装
騒音規制法	空気圧縮機、送風機
振動規制法	空気圧縮機
水質汚濁法	煮湯設備、洗浄設備
浄化槽法	浄化槽
下水道法	除害施設
消防法（危険物）	危険物の保管
フロン排出抑制法	業務用空調機・冷凍庫・冷蔵庫
顧客要求事項	品質管理

環境関連法規制等の遵守状況の評価の結果、環境関連法規制等は遵守されていました。
食品リサイクル法の事業者ごとの基準実施率は達成しています。
なお、違反、訴訟等も過去3年間ありませんでした。

□外部からの環境上の苦情・要望等

苦情等があれば対応策含めて記載する

□緊急事態対応の試行・訓練

緊急事態の想定： 火災の発生	
■実施日：	■実施場所
■参加者：	
■実施内容： ☑通報訓練 ☑消火訓練 ☑避難訓練	
■評価：	手順書の変更の必要 ☑あり □なし
■実施状況の様子	

訓練の写真などを貼り付ける

緊急事態の想定： 油流出事故の発生	
■実施日：	■実施場所
■参加者：	■実施内容： ・流出事故対応、通報訓練
■評価：	手順書の変更の必要 ☑あり □なし
■実施状況の様子	

訓練の写真などを貼り付ける

□代表者による全体の評価と見直し・指示

> 下記の事項を踏まえて、この1年を総括し、
> 今後の取組について代表者の考えを明記
> する
> ・目標・計画の達成状況
> ・組織を取り巻く経済環境

環境経営方針	□ 変更なし	☑ 変更あり ○○
環境経営目標・計画	□ 変更なし	☑ 変更あり 実績を踏まえて見直す
実施体制	□ 変更なし	☑ 変更あり

□これまでの環境活動の紹介

> 日頃からの活動の写真を撮って、紹介する。過去の取組を記録
> として残してもよい。
> ＜活用方法＞
> ・自社の商品をPR（特に環境に配慮したこと）
> ・利害関係者に自組織の活発な活動をPR（就活者も閲覧する
> ため）
> ・従業員へのメッセージ
> ・従業員の声（活動紹介）
> ・部門長の声（活動紹介）
> ・データが蓄積後は負荷の推移をグラフで紹介　など

□編集後記

> レポートの編集者（委員）の想いや苦労話などを掲載

第 3 章

環境経営レポートの事例

本章では、エコアクション21を取得した事業者の事例を紹介します。エコアクション21に取り組まれた動機から、取り組んでよかったこと得られたことや苦労した点などについて、3社の想いを紹介します。参考となるような取組があれば、ぜひ実践してみてください。

また、それぞれの事業者の環境経営レポートもあわせて参考にしてください（環境経営レポートはエコアクション21中央事務局のウェブサイトで閲覧できます）。特徴がよく表れていると思います。大切なことは、自組織に見あった環境経営システムを構築・運用することです。言い換えれば、組織の規模や特徴などから適切であるか、エコアクション21の要求事項に対して妥当であるか、改善効果や遵法面で有効であるかなどを確認・評価しながら継続的に改善していただきたいと思います。

環境経営レポートの作成ポイント

　エコアクション21は、環境経営レポートを作成して情報発信するまでが、取組項目（要求事項）となります。

　ISO14001などほかのマネジメントシステムの場合でも、規格の要求事項ではありませんが、大手企業・組織を中心に、別途、「環境報告書」、「環境・社会（CSR）レポート」、「年間報告書（アニュアルレポート）」などのタイトルで情報発信するところが増えています。

　環境経営レポートを作成・公表するまでに、「何をどこまで書けばよいのか」、「体裁やでき栄えをどこまでよくすればいいのか」といった2つの点で多くの担当者が悩んでいます。

　そこで、次のように段階的にステップアップしながら、作成していくとよいでしょう。

> **第1ステップ：**エコアクション21の取組項目（要求事項）の内容を、全部記載してみる。
> **めざすべき到達点：**情報開示を行うことに慣れ、公開をためらわない。

- このステップでは、報告書・レポートの体裁やでき栄えについては問いません。
- 目標が達成できていなかったり、対応ができていない法的・その他の要求事項の遵守状況を明記することに、躊躇することがあります。
- 昨今、事業者・組織にとってネガティブな事象や情報から目を背けていると、外部からの指摘や内部告発によって問題が露呈し、その結果、信頼性を失うことがあります。
- エコアクション21の活動によって判明した課題などは、エコアクション21のPDCAサイクルに従って是正処置（再発防止）を講じる事により、改善活動を進めていきます。
- このように、課題から改善活動までの一連のプロセスを記載することに

よって、活動の公表だけでなく、自組織の企業価値を自ら守ることができます。

> **第2ステップ**：開示した情報内容や活動内容に対して、第三者からの意見や反応をもらう。
>
> **めざすべき到達点**：従業員やスタッフなどの内部の意見や、取引先や顧客などの外部の意見を聞く（傾聴する）。

- 情報開示を行うことは、「自らが能動的に情報を出す」ことです。そうすると、「情報を受け止める」人（対象者）が、正しく開示内容を理解したか、どんな印象や感想を持っているかといったことが気になります。情報を受け取った人々に対して、確認を行うことが、「コミュニケーション」になります。

- 第三者が理解できなかった点については、表（マトリクス）やイラスト、フロー図などに整理することで、言葉で伝達できなかった部分を補うことができます。

- また、記載内容が「結論」や「成果」のみだった場合は、途中の工程や過程（プロセス）において、視点を変えた説明や表現することで、読み手に正しく伝えることができます。

> **第3ステップ**：ページ構成、文字の量と表（マトリクス）、イラスト、フロー図などのバランスを考慮する。
>
> **めざすべき到達点**：「見やすい」、「読みやすい」、「わかりやすい」の「3つの『やすい』」を心がける。

- 第1ステップ、第2ステップで、記載する内容や、正しく理解してもらう工夫を重ねた後に、ページバランス、フォントや文字の大きさ、タイトルの工夫、配色などに気を配ります。

- その際、「一目で見やすい」、「内容が分散していなくて読みやすい」、「シンプルでわかりやすい」などの「3つの『やすい』」を心がけます。

- また、ある程度完成に近づいた段階で読み手になったつもりで客観的に見

直しすることで、自己満足で独りよがりにならない報告書（レポート）が
完成します。

　３つのステップは、「自組織のリスクヘッジ＝守りの経営」から、「企業価
値の向上＝攻めの経営」への進化の工程と同じです。

　次頁からは、３つの業種のレポートを取り上げて、活動内容とレポートの
グッドポイント（よい点）を記載していますので、ぜひ、参考にしてみてくだ
さい。

株式会社 シュガーアンドスパイス

> ■**本社所在地** 東京都港区三田一丁目２番17号　MSビル６階
> ■**業　　　種** モデルマネジメント及び広告企画制作
> ■**登　　　録** 2006年　■**従業員数**　11名
> ■**環境表彰** 環境コミュニケーション大賞環境大臣賞（第12回）、奨励賞（環境配慮の優良取組）（第17回）、奨励（第18回）、優良賞（第20回）

●**環境経営レポート審査員コメント（花村）**

　1989年に設立された日本人、ハーフ＆外国人の子どもモデル・タレントのマネジメントオフィスで、2005年の「愛・地球博」で環境広告のモデル出演により、エコアクション21の取組を開始、認証取得後も企業広告及び製品・サービスの広告に多数出演しています。

　環境活動レポートでは、会社のシンボルである「リンゴ」と「ドラゴンのJOJO（ジョジョ）」を環境活動のシンボルとして活用し、所属モデル・タレントに対しては、撮影会などの機会を利用して環境学習を実施しており、そのときの様子をレポートにして毎年報告しています。このレポートは、会社案内としても利用できる構成となっています。全ページにわたり、色彩豊かで、随所に所属モデル・タレントのいきいきした表情の写真が配置されているので、読みやすく、大変センスのよい仕上がりになっています。

　また、必ず一歩先の活動を実施しており、2017年度のレポートの表紙は、気候変動の適応対策の１つである「防災」をテーマにしています。次世代の旗手である「子ども」の未来を抽象的に描いており、こういった取組が、幾度も表彰されています。そのほか、SNS（ソーシャル・ネットワーキング・サービス）を活用した情報発信により、子ども・環境・未来をテーマに紹介することで、本業と環境活動が融合した活動が実現できています。

2017 Sugar&Spice 環境活動レポート

活動期間　2017年1月1日〜2017年12月31日

リンゴの木の育つかけがえのない地球環境を守るために私達は行動します

SugarＥSpice
株式会社 シュガー アンド スパイス
2018年3月8日発行

team A to E について

地球温暖化防止を促進するためにエコプロジェクトteam A to E を組織し活動します。

team A to Eの名称について
A to Eは、＝ for the Apple tree on the Earth==
地球のリンゴの木を守るために、という意味です。

シュガー＆スパイスとリンゴの関係

シュガー＆スパイスでは会社設立以来、「リンゴ」を営業ツールのアクセント
やマークとしてよく使っています。それは弊社のマスコット、紫色のドラゴン
JoJoとリンゴの関係に通じていました。

「シュガー＆スパイスのシンボル、こどもたちの守り神ドラゴン JoJo は、
地球のこどもたちが心やからだの痛みを訴えるエマージェンシー信号を発する
と彼の二本の角が反応し、遠い世界からこどもたちを救いにやってきました。
JoJoはリンゴが大好物。　めったに正体を見せない彼が地球上のリンゴが
美味しそうに香る場所には姿を現しました。
実はリンゴは彼にとって生きるためになくてはならない生命の果実でした。」

NHK「みんなの歌」平成16
年秋〜平成17年秋まで放
映され好評を得た
「Hallo again,JoJo」(歌：
平原綾香）は、
弊社のキャラクター、
ドラゴンJoJoの原作から生
まれました。

近年、環境保全を取り上げる広告の仕事が増え、仕事を通じてエコに意識を向
けるようになった時、私たちは地球のエマージェンシー信号がすでに点滅して
いることに気づきました。　地球温暖化がますます深刻となり、リンゴのでき
る場所は年々狭まりつつあることも知りました。私たちにとってリンゴはJoJo
を通じ大切なセカンドシンボルで、とても身近なものです。　「リンゴを守ろう！
リンゴは君たち地球人にとっても、なくしてはいけない生命の果実なのだよ。」
と、JoJoがメッセージを送ってくれているように思います。JoJoの警告を私
たちのエコ活動のテーマとし、「リンゴ」をエコ活動の象徴にいたしました。

2

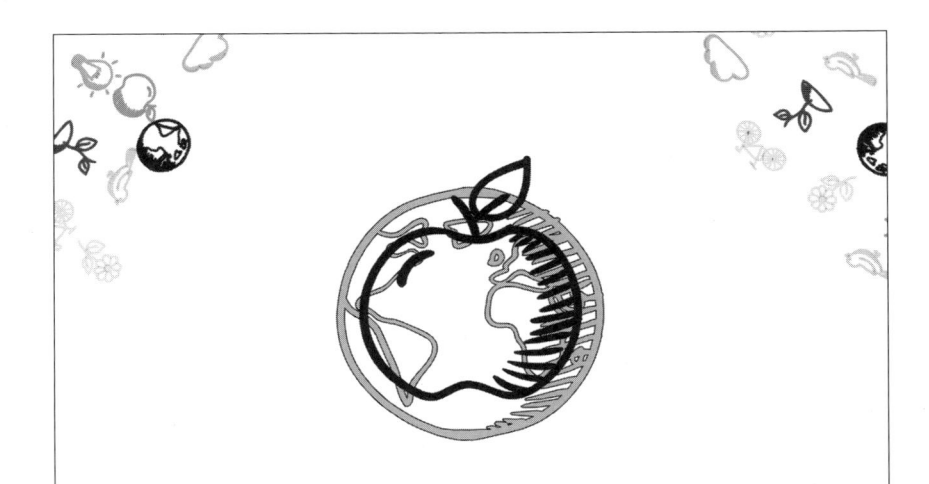

地球温暖化と防災
気象災害から命を守るために

近年、地球温暖化による気候変動が私たちの生活に大きな脅威をもたらしています。
日本は、自然的条件から、様々な災害が発生しやすい特性を有しているといわれています。
一人一人が災害のリスクをどう少なくするか考え、その時に必要な備えを知ることが、命を守るための対策につながることを子どもたちへ伝えたいと思います。

3

エコ活動の経緯 2017

1989年	株式会社シュガーアンドスパイス設立
2005年3月	「愛・地球博」で手話チームがイベントに出演、他企業パビリオン内展示の環境広告にモデル多数出演したことをきっかけにエコアクション21の取組みを決める
2006年1月	エコ活動元年
2006年3月	経済産業省から「日本国際博覧会（愛・地球博）」の活動に感謝状
2006年5月	エコアクション21認証・登録
2007年4月	地域のイベントへ参加しシュガー＆スパイスの環境活動をPR
2009年3月	第12回環境コミュニケーション大賞で環境大臣賞受賞
2009〜2010年	エコタレントASAP第一期性、地域イベントへ参加、エコライフフェア出演、他普及活動参加
2010年3月	生物多様性年COP10開会式及びNHK環境DMにアヤカ・ウィルソン出演
2011年3月	東日本大震災の被災地に向け所属モデルたちの応援メッセージをHPにサイトアップ
2012年1月	企業とのコラボレーションで創るエコビジネス、フォトビジネス「エコ・キッズ」制作・販売
2013年6月	アイドルユニット「つりビット」、エコライフフェアに出演
2014年4月	第17回環境コミュニケーション大賞で奨励賞（環境配慮の優良取組）受賞
2015年2月	第18回環境コミュニケーション大賞で奨励賞受賞
2016年7月	認証10年継続事業者表彰受賞
2017年1月	「私たちは、忘れない。」日本赤十字社キャンペーンに参加（1月〜3月）
2017年2月	第20回環境コミュニケーション大賞で優良賞受賞
2017年3月	渋谷区広尾から港区三田に事務所移転！

 ## 第20回 環境コミュニケーション大賞で優良賞を受賞

「2015年シュガー＆スパイス環境活動レポート」（2016年度作成）で2017年2月22日に開催された第20回環境コミュニケーション大賞授賞式「環境活動レポート部門で優良賞を受賞しました。

8

エコ活動の経緯　2005年〜2016年　環境活動レポート

2016年　環境活動レポート

2015年　環境活動レポート

2014年　環境活動レポート

2013年　環境活動レポート

2012年　環境活動レポート

2011年　環境活動レポート

2010年　環境活動レポート

2009年　環境活動レポート

2008年　環境活動レポート

2007年　環境活動レポート

2006年　環境活動レポート

2005年　環境活動レポート

9

シュガー＆スパイスの持色をいかした取組み

Ⅲ　防災普及活動

本年度より新しい取組みとして「防災普及活動」をはじめました。防災の取組みは社員・スタッフ向けは「緊急事態の対策及び実施」でおこなっていて、所属モデル向けにも防災意識を高める機会を持とうと思いました。
きっかけは、日本赤十字社の防災キャンペーン「私たちは、忘れない」への参加です。1月、3月の撮影会は「防災メッセージ」を子どもたちとその家族に募りHPで紹介しました

防災キャンペーン　所属モデルとその家族へ向けて

「防災メッセージ」の中で、私たちスタッフも感銘した「シャーリーズ ホーム」。シャーリーさんのお家にある防災時の必需品の棚を描いてくれました。

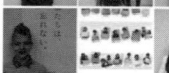

Facebook キャンペーン
Reach 469人、コメント/いいね　86

「緊急事態の対策及び実施」社員及びスタッフへ向けて

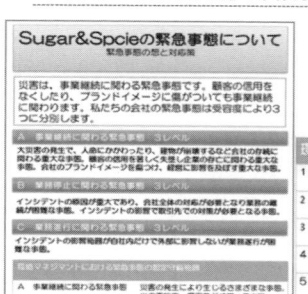

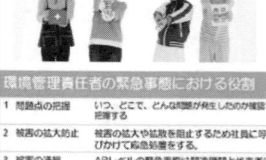

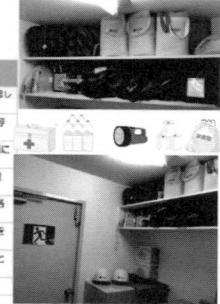

16

126

上島珈琲貿易株式会社

■**本社所在地**　大阪府堺市美原区太井122番地１
■**業　　種**　食品加工・販売、珈琲店経営
■**登　　録**　2011年　■**従業員数**　43名
■**環 境 表 彰**　環境コミュニケーション大賞優秀賞（第17回、第18回）・優良賞（第20回、第21回）

●環境経営レポート審査員コメント（宇田）

　代表者である上島社長は三代目社長として経営を引き継ぎ、経営の立て直しを図るためには組織の活性化と企業価値向上が重要と考え、大阪府中小企業家同友会エコアクション21スクールに環境管理責任者の担当社員と共に参加し、2011年に認証取得しました。全員参加を旗印に営業、製造、事務部門が積極的にエコ活動に取り組んだことで、電力の省エネ、ガソリンの燃費向上、節水で効果が現れました。従業員教育については、環境負荷の大きなガソリンの削減としてエコドライブ講習会を開催したり、エコ検定を推進し約半数の従業員がエコ検定に合格し名刺にエコピープルのマークを付けて、環境意識の向上に取り組んでいます。これまでの活動での環境負荷低減が難しくなる中、品質改善によるロスやクレームの削減が環境対策になるとの考え方に基づき、品質と環境を統合して取り組むことで、新たな展開が開けてきました。また、製品・サービスへの環境配慮として有機JAS珈琲の販売を目標に掲げ、順調に売上を伸ばしています。環境経営を実践している企業としてレポートを参考にしてください。

2017年度 環境活動レポート

対象期間：2016年9月～2017年8月

作成日：2017年10月31日

Best Coffee By

MUC上島珈琲貿易株式会社 SINCE 1932

MUC COFFEE ROASTERS
UESHIMA COFFEE TRADING SINCE 1932

環境方針　①理念

私たちの取り扱う珈琲は地球環境の変化に対して影響を受け易い農作物です。

地球温暖化の影響で生産可能な地域が減少する可能性も研究結果として公表されています。

しかも日本国内の気候風土での生産には適さない農作物のため、そのすべてを海外の生産国からの輸入に頼っています。

そこで、私たちは珈琲生産国の生物多様性の維持のために有機JAS認証珈琲など環境に配慮した商品を取り扱います。

そのために必要な加工の認証を取得し、すでに販売も始めました。

また消費国としても環境負荷を軽減するため、節電など節約への取り組みから、品質管理強化によるロスの防止を全社的に取り組みます。

そして、環境配慮企業になるため、環境教育より一層充実させながら、全社一丸となって自主的・積極的に取り組みます。

3

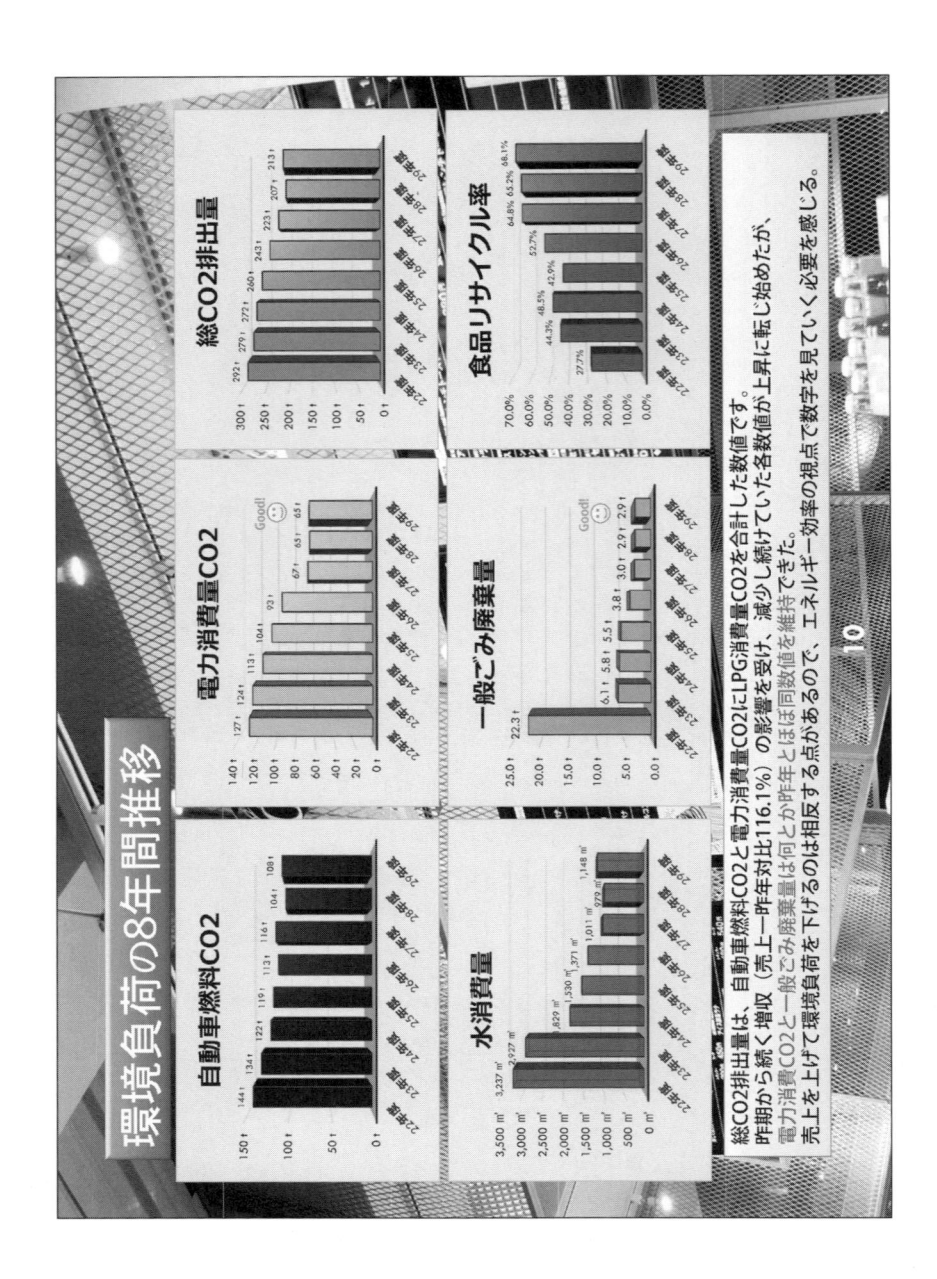

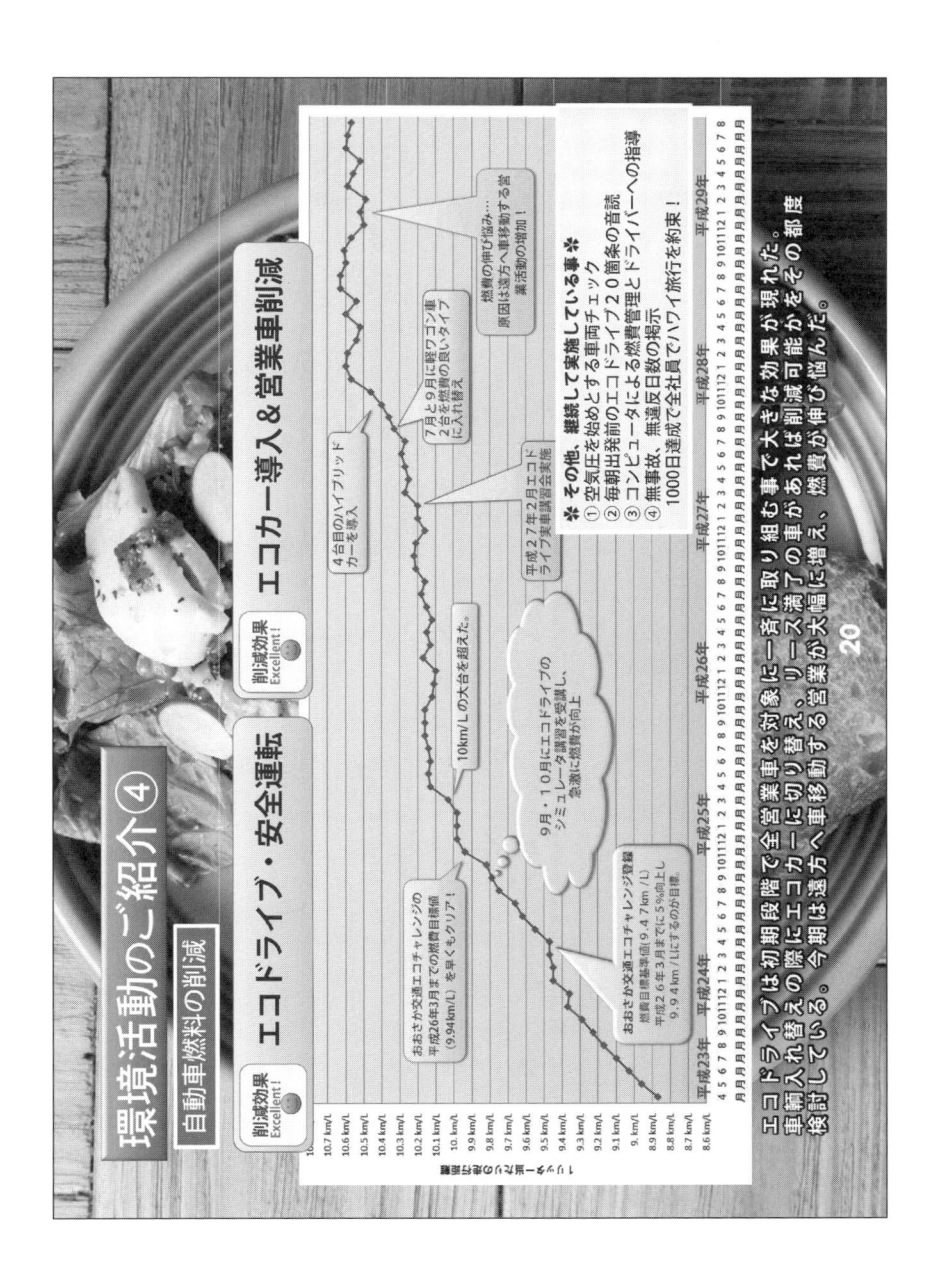

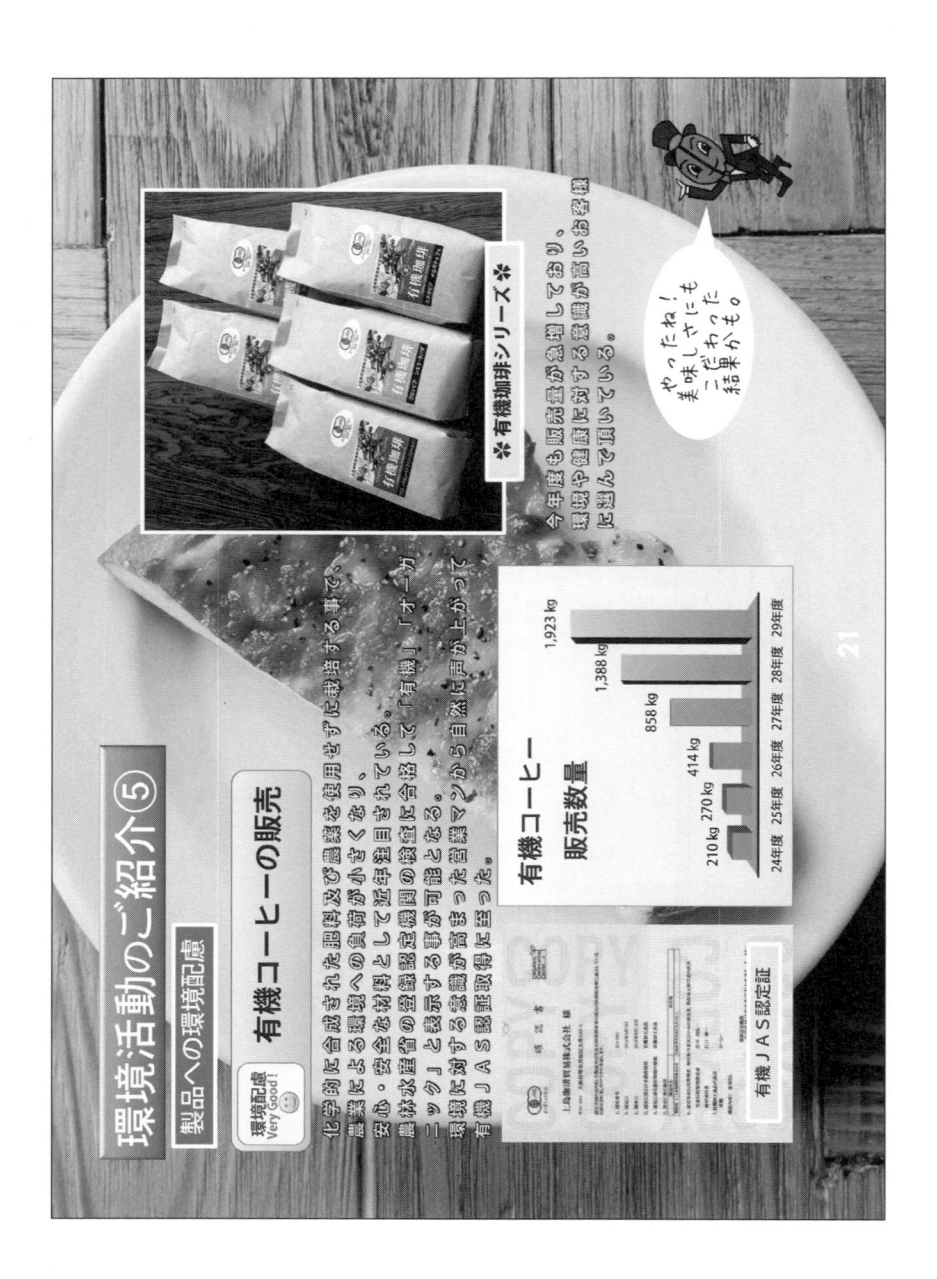

環境活動のご紹介⑤

製品への環境配慮

有機コーヒーの販売

環境配慮
Very Good !

化学的に合成された肥料及び農薬を使用せず生産する事で、農業による環境への負荷が小さくなり、安心・安全な材料として近年注目されている。有機JAS登録認定機関の検査に合格して「有機」「オーガニック」と表示する事が可能となる。

環境に対する意識が高まっているこの頃、マシンから自然に声が上がって有機JAS認証取得に至った。

有機コーヒー
販売数量

210 kg 270 kg 414 kg 858 kg 1,388 kg 1,923 kg
24年度 25年度 26年度 27年度 28年度 29年度

有機JAS認定証

有機JAS認定

※有機珈琲シリーズ※

今年度も販売量が急増しており、環境や健康に対する意識が高いお客様に選んで頂いている。

やったね！
美味しさにも
ニ重の
効果が。

21

132

環境活動のご紹介⑧

品質管理強化による環境負荷の低減

クレーム減少によるロス軽減

品質向上
Excellent!

石抜き機(小)

石抜き機(大)

風力選別機 正面と側面

抜き取った石 などの夾雑物

ウェイトチェッカー

金属探知機

X線検査機

コーヒーの生豆が入っているドンゴロス(麻袋)にはコーヒーだけでなく、石・金属・糸くずなどさまざまな異物が混じっており、これらが製品に混入するとクレームとなる。結果、商品の回収や廃棄等にコストが発生するとともに環境負荷が生じる。環境負荷を低減すべく、異物混入対策の切り札として平成27年度より稼働開始の異物除去設備及び異物検出設備を導入。今期も新たな設備を追加した。なお、導入にあたり中小企業庁の「平成25年度補正中小企業・小規模事業者ものづくり・商業・サービス革新事業」に採択され、費用総額の2/3の補助金を頂けた事が大きかった。導入後、小石類の混入クレームは皆無となった。

24

西岡化建株式会社

- ■**本社所在地** 大阪府茨木市郡5丁目21番16号
- ■**業　　種** 防水、防食、塗床、塗装などの専門工事
- ■**登　　録** 2011年　■**従業員数** 29名
- ■**環 境 表 彰** 環境コミュニケーション大賞優良賞（第19回、第20回）

●環境経営レポート審査員コメント（飯田）

　レポートのデザインや、内容、取組の表現が劇的に変化したのは2015年に大学新卒で入社した女子社員が環境事務局を任されてからのことです。それまでは、建設業という男所帯で業務での環境への取組がうまく表現できていませんでした。会社側もこれを機に、新入社員に事務局として文書作成を任せるだけではなく、エコアクション21の理念や考え方を新入社員に教育するために、大阪府中小企業家同友会エコアクション21スクールにオブザーバーとして参加させ、さらに新入社員に役割と責任を明確に与え、任務を遂行するための権限も社員全員に周知されました。このことによって本人の自覚や「やる気」、社内へのコミュニケーションが活性化され、事業活動と関連性を持った環境活動が表現されるようになりました。レポートの内容は本社や現場での取組について全員の協力で作成されていることがよくわかります。レポートはその年度に活動したトピックスを記録したものと考えれば、全員参加で作成できるのではないでしょうか。ぜひ、このレポートを参考にしてみてください。

もくじ

おかげさまで設立 40 期を迎えます

西岡化建のあゆみ

1975.10	● 茨木市に西岡化建工業所　創業
1978.10	● 法人組織に改め、資本金 200 万円にて会社設立 商号を西岡化建株式会社に変更
1982.3	● 摂津営業所及び資材倉庫設置
1992.10	● 資本金 1000 万円に増資
2002.3	● 摂津営業所及び資材倉庫を茨木本社近隣に移転し、茨木事業所とする
2007.1	● 新社屋完成
2011.11	● 環境経営システム エコアクション 21 認証取得
2015.3	● 2 号倉庫完成
2016.2	● 第 19 回 環境コミュニケーション大賞 環境活動レポート部門 優良賞受賞
2016.3	● 資本金 2000 万円に増資
2017.2	● 第 20 回 環境コミュニケーション大賞 環境活動レポート部門 優良賞受賞
2017.5	● 関東営業所を設置

環境経営システム

茨木事業所
資材倉庫

代表者
西岡 勝男

環境管理責任者
西岡 洋子

エコアクション21 朝礼 ── 環境事務局
営業部
神谷

総務部
経理部主任
辻

営業部
営業部主任
岡田

工事部
常務取締役
西岡正弘

総務部
従業員

営業部
従業員

工事部
従業員

建設現場

工事部主任①
田中

工事部主任②
福山

工事部
従業員

工事部
従業員

協力会社
下請け等

協力会社
下請け等

事業所と現場の
連携を大切にして
いかないとね！

特定化学物質、有害物質を
含まない材料で、安心と安全の
環境工事を実施します！

5

第 4 章

さらに経営に役立つ 活用方法

第2章、第3章で、エコアクション21のガイドライン（要求事項）に基づき、ガイドラインの考え方や解釈、構築する際のポイントについて、具体的にわかりやすく説明してきました。エコアクション21の仕組みを活用し、マネジメントシステムの基本が構築できれば、利害関係者に配慮する視点を追加したり、事業を拡大する際に、事業拠点への展開だけでなく、新規事業内容の環境配慮の範囲を拡大するなど、業務改善のPDCAとして、自在に活用できます。

本章では、応用編として、4つの活用方法を紹介します。1つめは、「エコアクション21ガイドライン（2017年版）」で新たに追加された要求事項2の「代表者による経営における課題とチャンスの明確化」において、「経営の課題とチャンスの考え方と応用」に関する分析方法、2つめは、「緊急事態への備えとしてのBCP・レジリエンス認証」で、要求事項11の「環境上の緊急事態への準備及び対応」を利用した展開方法の説明です。BCP及びレジリエンス認証の構築は、気候変動における「適応」対策に該当します。そして、3つめは、「気候変動の緩和策（二酸化炭素（CO_2）削減対策）」で、緩和策の考え方と対策について説明します。最後は、「サプライチェーンマネジメント」で、調達（自社へのインプット）と出荷・提供（自社からのアウトプット）における環境配慮上でのポイントを説明します。

エコアクション21からの
さらなる展開

1. 経営の課題とチャンスの考え方と応用

　「エコアクション21ガイドライン (2017年版)」に新規に追加された要求事項として、「代表者による経営における課題とチャンスの明確化」があります。この狙いは、エコアクション21を、企業価値を高めるツールとして最大限に活用することにあります。

　第2章で課題とチャンスの明確化について説明をし、その手法として課題とチャンスの整理表を2つ例示しました (P.38を参照)。

　では、手法A案の「課題とチャンス整理表 (SWOT分析)」を使って実際にやってみましょう。

　課題を解決・改善することで、自組織の強みを活かし、事業展開のチャンスが見えてくると思います。

　事例は製造業と食品業、建設業の事例を示しましたが、サービス業などにおいても課題とチャンスはありますので、みなさまでやってみてください。

① 製造業の事例

	Strengths（強み）	Weaknesses（弱み）
内部	部品加工の優れた技能者がいる 高度な加工ができる工作機がある	納入先は1社のため、納入先の経営の影響をもろに受ける
	Opportunities（機会）	Threats（脅威）
外部	電気自動車に必要な部品が見込める 風力発電に必要な部品が見込める	低炭素社会に向けた電気自動車の普及が加速し自動車部品の需要が縮小する

> 電気自動車に必要な部品を調査し、試作品を製作、自動車会社に売り込む

②　食品業の事例

内部	Strengths（強み）	Weaknesses（弱み）
	従業員の質が高い	衛生管理のルール化が曖昧である
外部	Opportunities（機会）	Threats（脅威）
	安心・安全な商品提供で差別化できる	食品衛生法改正でHACCP※に沿った衛生管理が義務化された

> **HACCPに沿った衛生管理により安心・安全な食品を提供する**

※HACCPとは、食品等事業者自らが食中毒菌汚染や異物混入等の危害要因（ハザード）を把握した上で、原材料の入荷から製品の出荷に至る全工程の中で、それらの危害要因を除去又は低減させるために特に重要な工程を管理し、製品の安全性を確保しようとする衛生管理の手法のこと（出典：厚生労働省ウェブサイト）。

③　建設業の事例

内部	Strengths（強み）	Weaknesses（弱み）
	土木、建築に多くの実績がある	従業員が少なく受注が限定される
外部	Opportunities（機会）	Threats（脅威）
	気候変動により風水害の発生が増える	風水害で自社も被害を受ける可能性あり

> 自然災害などへの対応を定めた事業継続計画のBCPを策定し、自社のリスク対応能力・危機管理能力などのレジリエンスを高め、風水害対策の事業を拡大する

2. 緊急事態への備えとしてのBCP・レジリエンス認証

1　はじめに

　私たちが安全で豊かな生活を営むために、人と自然との関係を再構築し、持続可能な社会の推進が求められています。過去に発生した、阪神・淡路大震災や東日本大震災では、国の根幹となる社会基盤が崩壊したことから、超巨大災害に備え、国は平成25年12月「国土強靭化基本法」を制定しました。

　これにあわせ、環境省とも連携して、健全な生態系が有する防災・減災機能を積極的に活用する「防災4.0未来構想プロジェクト」を平成27年12月に発表しました。さらに、内閣府は国土強靭化の趣旨に賛同し、事業継続計画（Business continuity planning：BCP）への取組を積極的に行っている事業者を「国土強靭化貢献団体」として認証するガイドラインを制定し、この規定に適合する事業者を「レジリエンス認証」する制度が平成28年4月から始まりました。日本政策投資銀行もこの制度に呼応し、新BCM格付として防災及びBCPへの取組に優れた事業者に対して、特別融資する世界で初めての融資制度を平成28年8月より開始しています。

　国は、過去の経験を踏まえ、国が行う「公助」だけでは、補いきれない巨大災害に備え、国民による「自助」や「共助」の推進を求めています。環境省は、「エコアクション21ガイドライン（2009年版）[改訂版]」を8年ぶりに改訂し、「エコアクション21ガイドライン（2017年版）」として取りまとめました。このガイドラインでは「11. 環境上の緊急事態への準備及び対応」の補足として、環境上の緊急事態への対応や業務改善、社会的課題対応、地域貢献として消防計画や労働安全上の緊急事態対応とあわせ、BCPと一体的に行うことも取組の1つとなりました。

　さらに、近年、気温の上昇や豪雨の増加、農作物の品質低下、動植物の分布域の変化、熱中症リスクの増加など、気候変動の影響が全国各地で起きており、今後、長期にわたり自然災害が拡大するおそれがあることから、環境省を主体として気候変動適応法が平成30年2月、閣議決定され、同年12月よ

【図表4-1】気候変動への影響

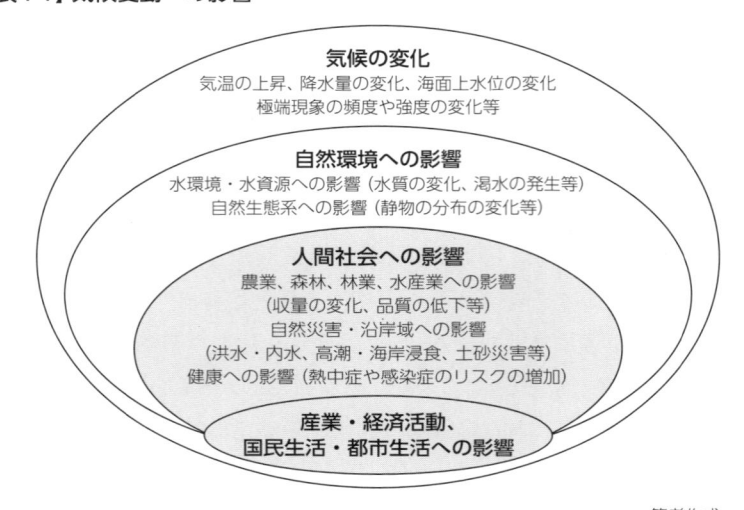

気候の変化
気温の上昇、降水量の変化、海面上水位の変化
極端現象の頻度や強度の変化等

自然環境への影響
水環境・水資源への影響（水質の変化、渇水の発生等）
自然生態系への影響（静物の分布の変化等）

人間社会への影響
農業、森林、林業、水産業への影響
（収量の変化、品質の低下等）
自然災害・沿岸域への影響
（洪水・内水、高潮・海岸浸食、土砂災害等）
健康への影響（熱中症や感染症のリスクの増加）

**産業・経済活動、
国民生活・都市生活への影響**

筆者作成

【図表4-2】気候変動への取組「緩和と適応」

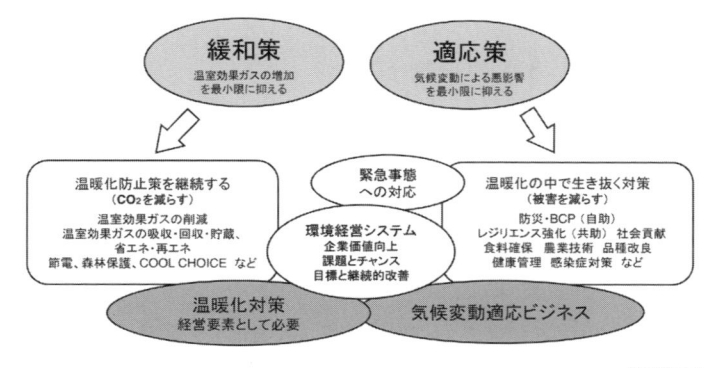

緩和策
温室効果ガスの増加
を最小限に抑える

適応策
気候変動による悪影響
を最小限に抑える

温暖化防止策を継続する
（**CO₂を減らす**）
温室効果ガスの削減
温室効果ガスの吸収・回収・貯蔵、
省エネ・再エネ
節電、森林保護、COOL CHOICE など

緊急事態
への対応

環境経営システム
企業価値向上
課題とチャンス
目標と継続的改善

温暖化の中で生き抜く対策
（被害を減らす）
防災・BCP（自助）
レジリエンス強化（共助） 社会貢献
食料確保 農業技術 品種改良
健康管理 感染症対策 など

温暖化対策
経営要素として必要

気候変動適応ビジネス

筆者作成

り施行されることになりました。これまでは、地球温暖化対策推進法のもとで、温室効果ガスの排出削減対策（緩和策）が進められていましたが、気候変動の影響による被害を回避・軽減する適応策は法的に位置付けられていませんでした。気候変動への適応として、将来予測される、地球温暖化による自

然災害や農作物の生育不良などによる被害の回避・軽減等を図り、多様な関係者の連携・協働のもと、国、地方公共団体、事業者及び国民が一丸となって取り組むことが一層重要となっています。

② 事業継続計画（BCP）とは

事業継続計画（BCP）とは、自然災害等により事業活動が中断した場合でも、損害を最小限にとどめ、目標復旧時間内に重要な機能を再開させ、事業の継続や早期復旧が可能となるよう、平常時から事業継続について戦略的に準備し、緊急事態に行うべき活動や対応を抽出し、取り決め、実施する計画をいいます。

① BC：事業継続（Business Continuity）

地震、津波、高潮、洪水、火災、感染症等の災害・事故にあっても事業を継続し会社を存続させること

② BCP：事業継続計画（Business Continuity Plan）

BCを達成するための災害対応の計画書

③ BCM：事業継続管理（Business Continuity Management）

BCを達成するための管理プロセス

④ BCMS：事業継続管理システム（Business Continuity Management System）

BCPの検討・実施・運用、教育・訓練・点検、見直し、是正

⑤ BCS：事業継続戦略：（Business Continuity Strategy）

大災害に見舞われても柔軟に追従し生き残る戦略

エコアクション21の取組において、BCPへの取組は、環境省が推進する気候変動適応法にも対応しています。

BCPにおいて想定する災害リスクには下記などがあります。

1）自然災害

① 気象災害（豪雨、洪水、冠水、渇水、干ばつ、土砂崩れ、土石流、がけ崩れ、崩落、山崩れ、地割れ、液状化、暴風、竜巻、高潮、波浪、高波、落雷、山火事、熱波、猛暑、寒波、寒冷、豪雪等）

【図表4-3】 BCP導入の効果

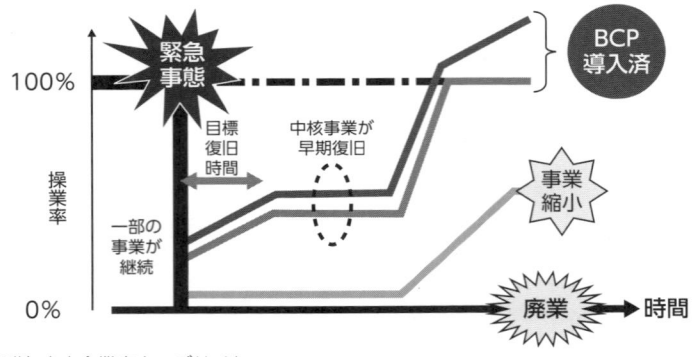

(出典) 中小企業庁ウェブサイト

②　地震、津波、噴火 (火砕流、火山灰、火山ガス、噴石、溶岩流等)

③　感染症、熱中症、低体温症、農作物の冷害・高温障害

2)　人為的災害

①　大規模な事故 (列車事故、航空事故、海難事故、交通事故、大火災、爆発、石油流出、化学物質汚染、原子力事故)

②　日常における事故 (労働災害、転落、転倒、中毒、火傷、感電、停電、断水、火災、インフルエンザ、疫病、交通網ダウン、物流ダウン、取引会社の倒産・業務停止処分・部品不良品、原料入手不能、製造機械の故障、検査会社の停止、製造事故、食品事故、医療事故、通信障害、システムダウン等)

3)　テロや戦争によるCBRNE兵器災害 ([化学：Chemical]、[生物：Biological]、[放射性物質：Radiological]、[核：Nuclear]、[爆発物：Explosive])

③　レジリエンス認証とは

　内閣官房国土強靱化推進室 (以下、「国土強靱化推進室」) では、国土強靱化の趣旨に賛同し、事業継続に関する取組を積極的に行っている事業者を「国土強靱化貢献団体」として認証する制度を創設するため、平成28年２月「国

土強靭化貢献団体の認証に関するガイドライン」を制定しました。「レジリエンス認証」は、国土強靭化推進室から承認を受けた「一般社団法人レジリエンスジャパン推進協議会（以下、「推進協議会」）」が、上記ガイドラインに基づく「国土強靭化貢献団体認証」として行うものです。簡単にまとめると事業者のBCP（自助）＋社会貢献（共助）する取組を第三者が認証する制度です。気候変動による自然災害での積極的な社会貢献が認証条件となっています。レジリエンス認証『BCP（自助）＋社会貢献（共助）』は、環境省が推進する気候変動適応法へのさらなる対応への取組と言えます。これからの気候変動に伴う大転換期において、社会貢献性は企業価値を上げる必須条件になっています。

1) レジリエンス認証の目的

　大企業はもとより、中小企業、学校、病院等各種の団体における事業継続（BC）の積極的な取組を広めることにより、すそ野の広い、社会全体の強靭化を進めることを目的としています。

2) レジリエンス認証取得のメリット

① 自らの事業継続に関する取組を専門家の目で評価してもらうことにより、事業継続のさらなる改善へのヒントを得ることが期待できます。

② 交付を受けたレジリエンス認証マークを社員の名刺や広告等に付して、自社の事業継続のための積極的な姿勢を、顧客や市場あるいは世間一般に対してアピールすることができます。

③ 国土強靭化推進室や推進協議会のウェブサイトに認証取得団体として公表されます。

④ 推進協議会より、国土強靭化に関するセミナー・シンポジウムに関する情報が優先的に配信されます。

⑤ 事業者の方が防災に資する施設等の整備を行う際に、日本政策金融公庫による制度融資「社会環境対応施設整備資金」の利用が可能となり、優遇金利が適用されます。ただし、推進協議会が定める「日本政策金融公庫のBCP融資の要件を満たすことの確認について」に記載する資料を提出、確認を受ける必要があります。

【図表4-4】国土強靱化貢献団体認証と支援の枠組み

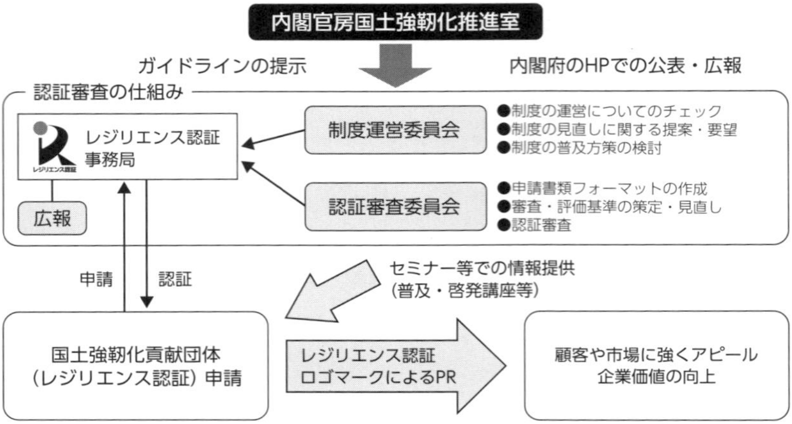

（出典）一般社団法人レジリエンスジャパン推進協議会ウェブサイト

3) 国土強靱化貢献団体の認証基準
　① 「事業継続（自助）関係」について３年程度の実績と下記１〜９の全て
　　を満たす事業者であること。
　② 国土強靱化貢献団体（＋共助）の認証には、①の要件に加え、下記「社
　　会貢献（共助）関係」10 〜 14のうち、少なくとも１つ以上を満たす事
　　業者であることが必要となります。

【事業継続（自助）関係】
１ 事業継続に係る方針が策定されている
　企業の経営理念や経営方針に関連付けられた事業継続方針があること。
２ 事業継続のための分析・検討がされている
　事業影響度分析及びリスク評価・分析を行い、重要業務とその目標復旧時
間を明確にし、資源の脆弱性を把握している。
３ 事業継続戦略・対策の検討と決定がされている
　２を踏まえ、目標復旧時間内に重要業務を継続・復旧させる戦略・対策を
検討し、決定している。
４ 一定レベルの事業継続計画（BCP）が策定されている

目標復旧時間内に重要業務を継続・復旧させるための体制、手順等を示した計画が策定されている。

5　事業継続に関して見直し・改善できる仕組を有し、適切に運営されている

　事業継続に関して見直し・改善できる仕組を有し、改善のための見直しが定期的に行われている。

6　事前対策が実施されている

　事業継続の実効性を高めるための事前対策が適切に行われている。

7　教育・訓練を定期的に実施し、必要な改善が行われている

　事業継続力を高めるための教育・訓練を定期的に実施し、必要な改善が行われている。

8　事業継続に関する一定の経験と知識を有する者が担当している

　事業継続に関する実務を2年以上積んだ実績がある者、又は民間の機関が発行する事業継続に関する民間資格を保有する者が事業継続を担当している。

9　法令に違反する重大な事実がない

　国土強靭化に係る法令に関して、違反する重大な事実がない。

【社会貢献（共助）関係】

10　社会貢献が定められている

　大規模自然災害時において行う社会貢献があらかじめ定められ、かつ、公開されている。

11　社会貢献の実績がある

　大規模自然災害時において社会貢献の実績がある。

12　従業員等の社会貢献を支援する制度が定められている

　大規模自然災害時において従業員等が行う災害ボランティア等の自主的な社会貢献を支援する制度があらかじめ定められ、かつ、公開されている。

13　従業員等が行った社会貢献の実績がある

　大規模自然災害時において当該事業者の承諾のもと従業員等が行った災害ボランティア等の自主的な社会貢献の実績がある。

14　上記以外の社会貢献が実施されている

上記と同等レベルの社会貢献があらかじめ定められ、かつ、公開されている、又は実績がある。

④　まとめ

　BCPやレジリエンス認証に取り組むには、災害リスクをどの範囲にするか、事業所の所在場所から想定される災害リスクを調査、抽出する必要があります。特に自然災害や人為的災害の特筆性は事業所により異なります。この中から大規模自然災害時において最優先させる事業継続項目を抽出し取り組みます。

　それではBCPへの取組が緊急事態への対応だけではなく、気候変動への対応や企業価値を飛躍的に伸ばすのはなぜでしょうか。この疑問について解説します。

　今後、増大する気象災害について考えてみましょう。BCPと気候変動において密接な関係にある、被害をもたらす豪雨や台風は、どのように発生するのか、考える必要があります。海は、海水表面温度が26℃になると水蒸気となり、熱は大気中に移動します。この上昇気流が台風になります。世界各地では今までに類を見ない異常な豪雨やハリケーンが多く発生しています。このような地球温暖化による気候変化を気候変動とよびます。

　自然災害には、豪雨災害や土石流、がけ崩れ、洪水、干ばつなどがありますが、急速な温暖化が気候変動を引き起こし、自然災害が拡大する、という密接な関係にあることがおわかりになると思います。

　BCP構築は災害情報を受け身で待つのではなく、積極的に災害リスクを抽出し、いち早く災害に対応できるよう事前に備える取組です。レジリエンス認証はさらに、事業者として優先する業務のタイムラインや共助として連携可能な行動を抽出し、災害に備える取組です。それではBCP構築において地震以外で抽出しなければならない気候変動による自然災害を抽出するには、どのようなことを考えればよいのでしょうか。

　事業所の立地環境にもよりますが、①海辺の近くであれば、海水面が上昇していることから、高潮、波浪、高波による被害に遭わないか、②山間部であ

【図表4-5】BCP（自助）とレジリエンス認証（共助）

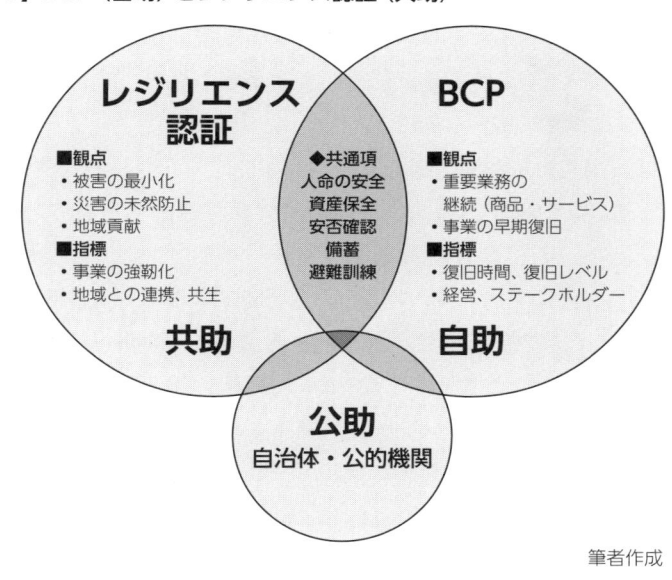

レジリエンス認証

■観点
・被害の最小化
・災害の未然防止
・地域貢献
■指標
・事業の強靭化
・地域との連携、共生

共助

BCP

■観点
・重要業務の
　継続（商品・サービス）
・事業の早期復旧
■指標
・復旧時間、復旧レベル
・経営、ステークホルダー

自助

◆共通項
人命の安全
資産保全
安否確認
備蓄
避難訓練

公助
自治体・公的機関

筆者作成

れば、豪雨による土石流、がけ崩れによる被害に遭わないか、③都市部であれば、豪雨による洪水や交通機関のストップによる被害に遭わないか、などの対応策を考えましょう。このように災害を想定していく中で今後の気候変動リスクを考え、抽出していくと、多くのビジネスチャンスや経営ヒントも生まれます。レジリエンスとは、単に、災害を受けた時に、最初の地点に戻る取組ではありません。今後、起こりうるリスクを読み取り、自ら積極的に変革していく取組なのです。他社よりも素早く気付くことができれば、一歩先の優位性を得ることができます。リスクを抽出できるシステムを持っていれば、レジリエンス力が高まります。いち早くリスクに気付き、時代に乗っていく取組と言えます。

　レジリエンスとしての仕組みづくりには、事業者の垣根を超えて、気候変動への適応にかかる社会環境の変化を読み取る手腕と能力が必要になります。それでは、これからの経営ヒントや事例を述べていきます。レジリエンスの出発点は、リスクの発生の確率と影響を特定し、推定することにありま

す。そして、リスクが許容範囲に収まるかどうかを判断し、そのリスクを軽減する、あるいは少なくともリスクに遭遇する度合いを軽減するために、どのように対応すべきか、今の事業において変革する必要があるのか、事前に特定しリスクに備える取組なのです。

　世界では気候変動に対応するため、再生可能エネルギーへの大転換が始まっています。特に中国では、将来を見据えた気候変動への対応を強力に推し進めています。現在、太陽光発電量は世界一、風力による電力量においても世界の50％を占めています。中国の再生可能エネルギー発電量は、すでに全世界の太陽光と風力による発電量を超え再生可能エネルギーを2050年までに全電力の８割までに拡大させるために、毎年1,000億ドル以上の投資を行っています。このように、クリーンエネルギーへの大転換とあわせ、気候変動への適応策として、再生可能エネルギービジネスでの技術革新、技術取得を見据え、炭素税の導入や電気自動車、電気バス、電気スクーター、照明のLED化、AIの活用、スマートIT、キャッシュレス化、ITを活用したサービス業の支援など、あらゆるクリーンビジネスを活性化させています。世界でも類のないスピードでクリーンエネルギーへの転換を図り、クリーン経済に向け、需要を喚起、刺激することで新しい技術やアイデアを生み出し、コストにおいても、世界的な競争に打ち勝つ準備を始めています。

　これから始まる新たな社会構造の大転換期にあたり、気候変動への適応にかかる経営ヒントになるキーワードを図表4-6「気候変動への適応にかかる経営ヒント」にしてみました。それでは、このキーワードについて考えてみましょう。例えば「モノからコト」、これは、大量消費社会、右肩上がり優先の成長社会に陰りが出始め、社会ニーズは「モノの豊かさから心の豊かさ」に変わり始めています。消費傾向も商品の所有に価値を見出す「モノ消費」から、商品やサービスに価値を見出す「コト消費」に変化しています。このように、顧客満足の視点が、感激や感動を体験することや、そのような経験を提供できるかに変化してきており、重要になってきているのです。もう１つ例をあげます。「今の子供たちの65％は、大学卒業時に、今は存在していない職業に就く」（キャシー・デビッドソン氏、ニューヨーク市立大学教授）、「今

【図表4-6】気候変動への適応にかかる経営ヒント

筆者作成

後10 〜 20年で、雇用者の約47％の仕事が自動化される」（マイケル・Ａ・オズボーン氏、オックスフォード大学准教授）といった予測発表にもあるように、現在、始まりつつある「第４次産業革命」期においては、将来の変化を予測することが困難な時代に突入しています。社会構造の変化に対して、受け身で対処するのではなく、自らが、社会における課題を発見し、他者と協働して、その解決を図ることが求められています。ドイツでは「インダストリー 4.0」として、IoT（モノのインターネット）やAIを用いた「スマートファクトリーの実現」を政府主導で推進しています。これは、生産工程や流通工程のIoT化により、生産や流通の自動化、バーチャル化によって過疎地での工場の生産、さらに、オンデマンド（顧客要求）生産により、生産コストや流通コスト、在庫も極小化して、少量多品種生産を実現しています。設備の故障や保全、稼働情報、温度、湿度といった環境情報までも、ビッグデータとして集積し、AIによって生産設備の稼働率を高め、工場の遠隔操作や監視、無人化を推進しています。日本でも、科学技術政策の基本指針として単なる効率化・省力化にとどまることなく、日本が抱える人口減少や超高齢化、環境、

エネルギー、防災対策といった問題への配慮も見据えた、「Society5.0」を政府が提唱しています。これを受け、経済産業省では、具体的な実現方法として、「日本版インダストリー 4.0」とも言える「コネクテッドインダストリーズ」として、全く新しい付加価値を創出することによって、「革命的」に生産性を押し上げようとしています。経営ヒントをすべて例示するには紙面が足りませんが、図表4-6にあるキーワードには、これからの経営に必須の大切なメッセージとしてまとめましたので、今後、これらの気候変動への適応策を経営ヒントとして、参考にしてください。

　図表4-7の「阪神・淡路大震災　救助率」のとおり、自助、共助の必要性として、消防や警察、自衛隊に救助（公助）された割合は、1.7％でした。自力や家族、隣人、通行人に救助（自助・共助）された割合は、約98％でした。「かけがえのない命を守る」、自助、共助への取組が大切なのです。

　気候変動への適応、防災・BCPへの取り組みは、今後の温暖化対策の重要な柱になっています。特に、気候変動の影響に脆弱な途上国においては、適応策（気候変動の影響の軽減・リスクへの備え）は喫緊の標題となっています。国連環境計画（UNEP）では、途上国の適応にかかる費用は2050年時点で年間最大50兆円に達すると推定しています。また、英国政府は、適応およ

【図表4-7】阪神・淡路大震災　救助率

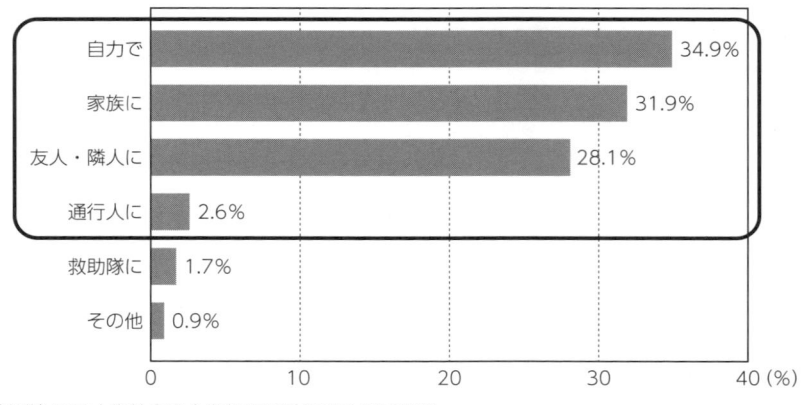

（出典）関西大学社会安全学部 河田惠昭先生発表資料

【図表4-8】気候変動適応ビジネス例

	農　　業	・ICT、AI技術による農業、漁業に必要な気象観測及び監視、早期警戒情報の提供 ・作物の品種改良、栽培環境、生産基盤の強靭化、食糧の安定供給 ・気候変動に強い高付加価値作物への転換
	自然災害	・気候変動による地域や建物への災害リスクを予測・評価する技術の提供 ・洪水・集中豪雨対策を盛り込んだビル・建物の設計・施工サービスの提供 ・水、電気、交通などのライフライン、インフラの強靭化、防災・BCP対応
	健　　康	・気候変動に伴う感染症の拡大防止と治療、開発途上国での展開 ・熱中症対策、感染症対策、子ども・高齢者対策 ・安全な水の供給、BCP対応
	産　　業 経済活動	・気候変動リスクをヘッジする金融商品の提供 ・生産基盤の強靭化、エネルギーの安定供給、強靭化、BCP対応 ・再生可能エネルギーへの転換、クリーンエネルギーへのアクセス向上
	国民生活 都市生活	・ビル・建物の屋内・屋外の暑熱環境を改善する技術・製品の提供 ・風の通り道やクールスポットを考慮した住宅街区の設計 ・自然災害に強いまちづくり、減災、防災・BCPの普及推進

筆者作成

び強靭化に必要な製品・サービスを、民間企業が売上を伸ばせる分野と位置付け、ビジネスが拡大すると予測しています。このように、適応ビジネスの潜在的な市場規模は、将来的に大きく成長することが予想されています。

　また、図表4-10では、熊本地震で行った公助対応（人口比）を今後予想される首都直下大地震や南海トラフ巨大地震に必要な人員（公助）を比較したものです。この図表からも公助では対応が困難となっています。現在、国土強靭化基本法や気候変動適応法において、政府が自助や共助の大切さを呼び掛けている理由なのです。

　このように気候変動へのリスクを抽出できる、BCPやレジリエンス認証へ

【図表4-9】防災・BCP備蓄品の一例

万能斧・テコバール
閉じ込められた人を救助する際などに、ドアや壁を壊して避難させるために使用する。

ヘルメット・ヘッドライト
ヘルメットは余震による物の落下から頭を守り、ヘッドライトは停電時の救助や作業に役立つ。

防塵マスク・メガネ（ゴーグル）
地震による粉塵や土埃からのど気管支、目を守り、被災時の風邪予防など。体調管理にも。

革手袋・軍手・安全靴
救助活動や、がれき・割れ物などの片付けをする際に手や足を守れる耐切創手袋・安全靴がベスト。防寒の役割も。

災害用救急箱
包帯や止血パッドなど災害時に大人数の応急手当ができる用品が入った救急セット。

担架・階段用担架
ケガをした人を運ぶときに役立つ。階段の上り下りがしやすい階段用担架もある。

吊り下げ式 ホワイトボード
BCP対策本部などで、今後の対策について刻々と変わる状況では壁に吊れる、消し込み簡単な、ホワイトボードで情報整理する。

ポータブルガス発電機
LPガス燃料で発電でき、停電時に役立つ。始動時や加速時などの吐煙がないのが特徴。

ガスコンロ・ガスボンベ
停電が長引いたとき、発電や火を起こすための燃料として使えるので備蓄には、不可欠。

手巻き充電式 携帯ラジオ
ハンドルを回して充電できる手巻き充電器付きラジオなら、停電時も情報を入手できる。

手巻き充電式 ワンセグTV
ワンセグTVは弱い電波でもテレビ放送を受信できるので、外部の情報を入手しながら、共助活動につなげられる。

拡声器
大人数の事業所では、大声でも届かないケースがあるので、情報や連絡事項などを共有したいときに役立つ。

筆者作成

【図表4-10】熊本地震と同じレベルで今後の大地震に国は対応できるのか？

熊本地震	首都直下地震	南海トラフ巨大地震
• 死者：263人	• 死者：2万3千人	• 死者：32万3千人
• 負傷者：2,746人	• 負傷者：12万3千人	• 負傷者：62万1千人
• 自衛隊：2万6千人	• 自衛隊：1,200万人必要	• 自衛隊：1億6,800万人必要
• 警察：4,600人	• 警察：216万人必要	• 警察：2,970万人必要
• 消防：5,000人	• 消防：230万人必要	• 消防：3,230万人必要
• 避難者：約18.4万人	• 避難者：約720万人	• 避難者：約950万人
• 避難所：855カ所	• 避難所：3万1千カ所必要	• 避難所：4万1千カ所必要
• 緊急食料：約262万食	• 緊急食料：約5,600万食	• 緊急食料：約7,500万食
• 震度6弱以上の地域住民：約148万人	• 震度6弱以上の地域住民：約3,000万人	• 震度6弱以上、津波浸水深さ30cm以上の地域住民：約6,100万人
※動員数は発災後、2週間の値	対応不可能	対応不可能

自衛官24万7千人、警察官29万3千人、消防職員16万3千人、消防団員：85万人（平成29年版消防白書（総務省消防庁）、平成29年版防衛白書（防衛省）、平成29年版警察白書（警察庁））

（出典）関西大学社会安全学部 河田惠昭先生発表資料

の取組は、世界がクリーン経済に向かう大転換期の中、いち早く気候変動に適応し、10年後、20年後の将来の社会情勢やビジネスモデルのヒントを発見できる素晴らしい取組なのです。

3. 気候変動の緩和策（二酸化炭素（CO₂）削減対策）

エコアクション21を実施することによる最大の狙いとしては気候変動の緩和策があげられます。その緩和策には次のような取組があります。

- 省エネ：従来よりも使用エネルギーを少なくする。
- 小エネ・少エネ：小さな（少ない）エネルギーで動かす。
- 創エネ：太陽光発電装置などを導入する。
- 蓄エネ：自然エネルギーや余っているエネルギーを蓄えて使う。
- 自然エネ：自然エネルギー由来の電力などを使用する。
- 森林保全：CO_2吸収源として森林の保全を行う（参加する）。
- CO_2回収・固定化：大気中のCO_2を回収し地中等に固定する。

「環境への負荷の自己チェック表」にさまざまな緩和策がリストアップされています。本項では、事業所内の取組として利用可能な電力の省エネルギーのポイントをチェックリスト形式でまとめてみましたので、活用してください。

① 空調の省エネルギー

チェック項目	省エネルギーのポイント	☑
適正温度に管理	環境省の奨励温度：冷房＝28℃以上　暖房＝20℃以下（1℃で約8〜10%省エネ）	☐
窓からの直射日光の防止	直射日光が差込まないようにひさし、ブラインド、カーテンを取り付ける 遮光フィルムを張り付ける	☐
2層ガラスの採用	窓ガラスや扉のガラスは2層ガラスを採用する	☐

建物・設備の遮熱・断熱施工	熱ロスを防止するため天井、壁、床下など断熱施工を行う 屋根の塗装には熱線遮断塗料を採用する 設備からの熱ロスを防止する	☐
屋根・壁の輻射熱軽減	遮熱塗装を行う	☐
換気の熱ロス防止	CO$_2$濃度1,000ppm以下の範囲で換気量を抑制する 熱交換型換気扇を採用する	☐
外気の導入	中間期（春・秋）など外気で空調できる場合は外気の導入を行う	☐
体感温度を下げる工夫	扇風機との併用で冷房温度を上げる（風速１ｍで約１℃体感温度が下がる）	☐
ピークシフト機能を利用	リモコンの節電機能で13時〜16時は80％運転とする	☐
デマンドコントロールによるピークカット	短時間のコンプレッサー停止により稼働時間を短縮（ファンは運転）	☐
屋外機の遮熱・冷却	屋外機に日よけを取り付ける 屋外機に水を噴霧する（5〜10％の省エネ）	☐
水の潜熱利用型空調	水の潜熱を利用した冷風装置を採用する	☐
タイマーによる自動停止の組込	夜間、休日等の消し忘れを防止するためにウィークリータイマーを組み込む	☐
ゾーニングによる適正な空調	ゾーンごとの管理温度を決め、きめ細かな温度設定を行う	☐
レイアウトの見直しによる空調の効率化	全体空調から局所空調にするため空調が必要な設備、原料などを集中化させる	☐
空調容積の縮小	天井を下げる 間仕切で空調対象空間を小さくする	☐
空調設備のメンテナンス実施	凝縮器のスケールを定期的に掃除する 除塵フィルターを定期的に掃除する	☐

② 空気圧縮機の省エネルギー

チェック項目	省エネルギーのポイント	☑
エア漏れの撲滅 （一般に10％の漏れ）	始業前か後の生産設備が停止している静かなときにエア漏れの音がしないかチェックする	☐

送気圧力の適正化	必要以上の圧力設定にしない（0.1MPaダウンで8％の削減） 機械と掃除用エアの分離 全体を低く抑え、一部の機械は増圧弁で供給する	☐
エアタンクを設置する	圧力の変動をなくすサービスタンクを設置する	☐
エアノズルの選定	用途に見あったノズルに取り替える	☐
配管系等を見直す	継ぎ足しでむだな経路を短縮する ループ式にして圧力を均一化する 機械系とエアブロー（掃除用）に分ける	☐
配管径の適正化	配管抵抗は径に半比例する	☐
吸気温度を下げる	外気などできるだけ低い温度で空気を吸い込む	☐
電動駆動に変更する	トルクアクチェーター弁を電動弁に変更する エアシリンダ駆動をリニアモーター駆動に変更する エアバイブレーターを電磁バイブレーターに変更する	☐
別の送気の採用	リングブロア等の高圧送風機に切り替える	☐
別の真空装置を採用	圧縮空気を利用した真空発生装置を真空ポンプに切り替える	☐
インバーター式の採用	アンロード（無負荷）運転によるむだな電力をなくす	☐
台数制御の採用	圧力センサの信号で必要な台数だけを運転する 台数制御内蔵の空気圧縮機を採用する	☐
エンジン空圧機の採用	レンタルでエンジン空圧機を導入し、ピーク時のみ使用（デマンドカット対策）	☐

③　モーターの省エネルギー

チェック項目	省エネルギーのポイント	☑
送風機はダンパーで絞っていないか	プーリー交換かインバーターで回転数をダウンさせる	☐
ポンプはバルブで絞っていないか	プーリー交換かインバーターで回転数をダウンさせる	☐
負荷の変動はないか	負荷にあわせて回転数を調整する	☐
攪拌機の回転数は落とせないか	必要最小限に回転数をダウンさせる	☐

複数の台数で運転の場合負荷に見あった台数となっているか	負荷にあわせて台数制御する	☐
モーターは高効率型か	高効率型に交換する	☐
変減速機は適切か	効率のよい変減速機にする	☐
Vベルトは省エネ型か	省エネベルトに交換する	☐

4. サプライチェーンマネジメント

　エコアクション21に取り組むメリットとして、「取組項目が明確なので、効果的・効率的に活動が可能」があり、その中に必ず取り組むべき活動の1つとして、「自らが生産・販売・提供する製品の環境性能の向上及びサービスの改善」があります。これは、自組織が提供する製品・サービスにおける環境配慮を行って、取引先や消費者に提供していくことにより、環境配慮の連鎖となり、環境負荷の大幅な低減が可能になります。

　取引などの商流における連鎖は「サプライチェーン」と呼ばれ、対象を消費者まで拡大した連鎖は「バリューチェーン」と呼ばれています。

　最近は、「CSRアンケート」や「取引先の取組アンケート」などにより、環境や品質管理などをテーマにしつつ、取引先のガンバナンス状況やコンプライアンス対応などを確認しています。エコアクション21の活動内容は、アンケートに記載できます。その活動内容や取組のレベルは、自らが回答していくことで、取組が進んでいる項目や改善が必要な項目を自己確認、評価できます。また、環境経営レポートなどをアンケートと共に提出することにより、取引先に対してもエビデンス（証拠）として提供できます。

　図表4-11は、サプライチェーンマネジメントにおいて、環境配慮の要求内容やリスクコミュニケーションなどの対応依頼が、どのような内容で発生し、どのような対応が必要かについて一例をあげながら、図式化しています。

　例えば、取引先から製品の納品において、「環境に配慮した梱包材の使用」

【図表4-11】サプライチェーンマネジメントにおける環境配慮の例

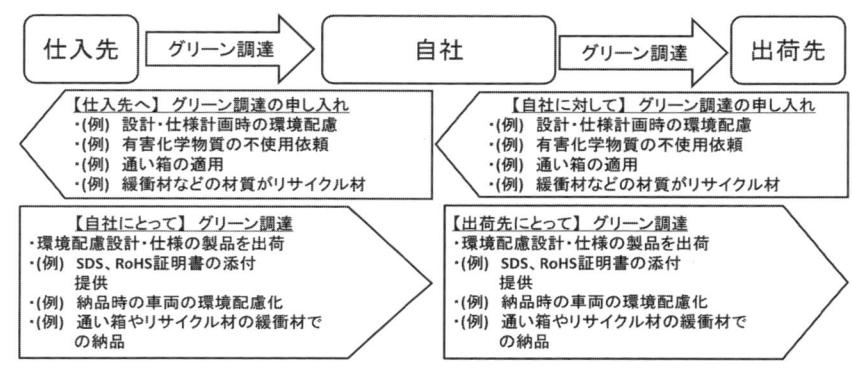

筆者作成

や、「省資源梱包の推進」などの協力要請があれば、製品品質が担保されることを確認・検証したうえで、梱包方法や納品形態を変更するといった改善活動を行うことにより、「無駄な資源の投入」、「梱包資材の廃棄」などの環境負荷を軽減できます。併せて、梱包材料の経費も削減できます。つまり、①取引先の要求事項に対応、②環境負荷の低減、③自社経費の改善の3つを達成することができます。

　サプライチェーンマネジメントで、上記のような活動を推進することは、最終購買者や消費者まで影響が続いていくので、社会の環境配慮の貢献となり、事業者にとっては、間接コストの削減という、「環境」と「経済」の両立を可能にします。

　2017年に国際標準化機構（ISO）より発行された「ISO20400　持続可能な調達に関する手引」には、2010年に発行された「ISO26000　社会的責任に関する手引」の項目や内容を取り入れながら、タイトルにあるとおり「手引」として、事業活動に必要な考え方や項目、不足点などを、事業者の裁量で取り入れて活用できる内容になっています。

　特に、ISO20400には、図表4-12のように、「誰が」「何を行うか」といった役割と権限などが明記されていますので、事業者が実際に環境配慮を取り

【図表4-12】 ISO20400　持続可能な調達の手引の内容

	基本事項	成功へのカギ	調達プロセス
要求事項	4.1基本的事項の手引 4.2持続可能性のある調達とは何か? 4.3なぜ持続可能性のある調達なのか? 4.4組織の調達方針への持続可能性の統合	5.1一般 5.2優先順位の設定 5.3実現する人 5.4調達の統括 5.5ステークホルダー&公約の特定 5.6パフォーマンスの測定&改善	6.1一般 6.2計画 6.3要求事項 6.4供給者選定の持続可能性面 6.5契約マネジメント 6.6契約のレビュー及び学習した教訓
実施内容「何を」	・組織全体の持続可能性方針及び、それに合わせた調達方針を検討し作成する。 ・その際、ISO 26000を用いて自社の中核テーマを明確にする。	調達プロセス全体が持続可能な調達を継続的に改善できるための条件を設定する。	・調達を実施するためのリスク評価、市場分析、法令を鑑みる。 ・供給者選択にあたり、入札などで事前資格審査を実施する。 ・契約を行い、契約どおりの実行性を管理・評価して改善する。
「誰が」	トップマネジメント	調達部長	調達担当者

(出典)「ISO20400（持続可能な調達）の委員会原案（CD3）ⅷ　図１－持続可能な調達に関するこの国際規格の内容」をもとに筆者作成

入れるときの活動内容及び活動の規模を把握できますし、実務担当者が着手しやすい内容になっています。

　エコアクション21などのマネジメントシステムは「第三者認証」として、事業者と利害関係を持たない第三者が審査を実施し、認証を行います。一方、ISO規格には、事業者の裁量で取り入れて運用する規格もあり、上記に紹介した２つの規格が典型的な例です。

　エコアクション21の仕組みを最大限活用するには、上記の２つの手引などの内容を採用しながら、活動の範囲を「環境」から「経済」・「社会」に展開し、各活動にはPDCAサイクルで好循環（スパイラルアップ）していく企業風土を醸成していくことが必要です。

Column

ニューメディカ・テックのレジリエンス認証の取組

 ニューメディカ・テック株式会社

エコアクション21
認定番号 0000078

レジリエンス認証
認証・登録番号E0000024

SUSTAINABLE
DEVELOPMENT
GOALS

2030年に向けて
世界が合意した
「持続可能な開発目標」です

◆代表者氏名:前田 芳聰(よしあき)
◆住 所:大阪府吹田市川岸町15番8号
◆事業活動:家庭用・業務用・災害用 浄水装置の開発・販売
◆認証・登録月日:2004年12月6日
◆認証・登録番号:0000078
◆レジリエンス認証番号:E0000024

【BCPからレジリエンス認証に取り組んだ動機】
阪神大震災や東日本大震災を経験して、事業継続計画(BCP)の重要性を切実に感じ、社員の意識も高まり、手探りでBCP活動に取り組み始めました。さらに、自らの事業継続に関する取組を専門家の目で評価してもらうレジリエンス認証支援を知り、更なる改善へのヒントを得る事や、顧客や地域への貢献、復旧の最優先事項を抽出できることから取り組みました。

【レジリエンス認証に取り組んで苦労した点】
日常業務を行いながら全社員の協力で課題解決に取り組まなければならないため、全社員の取り組み意識の向上と自然に取り組める環境作りの創意工夫に多くの時間を費やしました。また、対策に必要な時間や予算、費用対効果を考えて実施することの難しさを痛感しました。実際に運用するにつれ、気候変動による環境リスクや適応について全社員で考えるようになりました。

【レジリエンス認証に取り組んで良かった点】
認証審査のプロセスが現状認識と課題整理のいい機会となり、加えて第三者の専門家に評価いただいたことで、事業継続の取組に自信が持てました。また、レジリエンス認証という形に表したことで、顧客や取引先から関心を寄せてもらい、説明できることはもちろん、社内でも更なる意識の向上が図られました。重要な業務も明確化できたことから今後の気候変動への適応から新たな経営ヒントや製品開発にもつながっています。
特に吹田市内では第一号の認定を得たことは社員のモチベーションアップ、顧客の皆さまの安心感アップにつながったことは大きな成果になっていると感じます。

【レジリエンス認証を受けて得られた点】
レジリエンス認証を受けたことにより、レジリエンス認証マークを社員の名刺やカタログ等に用いることができ、内閣官房国土強靱化推進室のウェブサイトに認証取得団体として掲載されました。
これにより、当社が事業継続のために積極的な取組を行っているということ、つまり想定外の事態が発生しても経営への影響を最小に抑え、迅速に機能を回復することができる企業であることを、顧客や市場に強くアピールすることができるようになりました。
最近では、レジリエンス認証の認知度も高まり、営業先(官公庁や大手企業)での認証評価や信用が得られるようになり、防衛省や日本赤十字社への納入につながりました。

主な環境負荷の実績

※電力の二酸化炭素への換算係数は、0.45(kg-CO₂/kwh)を使用しています。

項　目	単位	2015年	2016年	2017年
二酸化炭素総排出量 （対象：エネルギー総量）	kg-CO_2	13,655	13,545	12,908
廃棄物排出量（合計）	kg	783	434	429
総排水量	㎥	250	201	194

当社浄水器によるCO_2削減効果

		当社浄水器による年間 安全飲料水使用量 240L／年
家庭1世帯（3人）当たりの標準的な水道使用量	240㎥／年	
浄水場からの給水量1㎥当たりのCO_2排出量	241g-CO_2／㎥	
家庭1世帯当たりの水使用、年間CO_2排出量	58.0 kg-CO_2／年	3.4 kg-CO_2／年

省エネルギー・省資源設計で災害にも対応

・当社浄水器はすべて低消費電力に設計されています！
・環境にもやさしく、災害時にも安心・安全な水を確保しています。
・防災・BCP対策浄水器として普及推進しています。
・東日本大震災や、熊本地震でも給水支援で活躍しました。

水循環再生技術で低炭素社会へ！
ニューメディカテックのFun to Share宣言

世界初!! 小型海水淡水化浄水器 AC100V 660Wでの浄水を実現

CVR-M155J は災害対応 海水淡水化装置として、世界初・低消費電力660W/hで1日3.7トン／1250人分もの安全な飲料水を確保できます。従来の海水淡水化浄水器の25分の1費電力で動作します。自動車のバッテリーや小型電池でも浄水運転ができる非常に環境にやさしい浄水器です。災害拠点病院など納入実績が多数あります。

世界初!! 家庭用浄水器 災害発生時には小型電池により自吸、浄水運転を実現

消費電力11W/hで1日500リットル/160人分の安全な飲料水を確保できます。災害時には携帯小型電池で6時間/90リットル/30人分の安全な飲料水を、自吸で浄水できます。
井戸水や雨水、災害時には濁った水道水も安全な飲料水に浄水できます。井戸水汚染地域でも補助金浄水器として1万台以上の納入実績があります。

Column

特定非営利活動法人 大阪環境カウンセラー協会の
レジリエンス認証の構築

　2018年3月、特定非営利活動法人大阪環境カウンセラー協会は、NPOで初めてレジリエンス認証を取得しました。レジリエンス認証は、内閣官房国土強靭化推進室が創設し、レジリエンスジャパン推進協議会による認証制度です。

　2014年9月に、事業継続計画（BCP）の知識と構築の必要性を理事会で決定し、以下の3つの方針に対応していく必要があることを合意し、構築を開始しました。

① 　従事する人命の確認

② 　災害備蓄

③ 　緊急連絡網などの構築

　また、事業内容に優先順位をつけて継続する事業内容の選定や、組織の強味を生かした活動内容などを含めて、レジリエンス対策として整理しました。

　近年の災害の多さによる「備え」の必要性は、誰もが意識していますが、いざ、対応を実施する場合、従業員の意識改革や対応の経費が課題となります。

　しかし、ここで立ち止まってしまうと、自組織の継続はおろか、取引先に対する継続も担保できなくなり、最終的に組織の存続に影響してしまうため、早めの対応を実施したことが結果的にNPOで第1号の認証につながりました。

　今後は、足元を強化したノウハウを、エコアクション21の認証取得事業者や、BCP・レジリエンス、及び災害対応に関心のある方々に広く普及していく予定です。

もう１つのSDGs ～５つのP～

「持続可能な開発目標」(Sustainable Development Goals：SDGs)
の前身は、2001年に国連で策定された「ミレニアム開発目標 (Millennium
Development Goals：MDGs))」ですが、達成期限が2015年であった
ため、それに代わる開発目標として、2012年の「国連持続可能な開発会
議 (リオ＋20)」でSDGsの策定が合意されました。

SDGsは、17の目標 (ゴール) と169のターゲットで構成されています。
その17の目標と169のターゲットは、先進国・途上国すべての国を対象
とする普遍的目標であり、「誰一人取り残さない」を基本方針としています。

５つのPと17の目標の関係

５つのP	内容	17の目標の分類
人間 (People)	あらゆる形態の貧困と飢餓に終止符を打ち、尊厳と平等を確保する	1　貧困をなくそう 2　飢餓をゼロに 3　すべての人に健康と福祉を 4　質の高い教育をみんなに 5　ジェンダー平等を実現しよう 6　安全な水とトイレを世界中に
地球 (Planet)	将来の世代の為に地球の天然資源と気候を守る	13　気候変動に具体的な対応を 14　海の豊かさを守ろう 15　陸の豊かさも守ろう
豊かさ (Prosperity)	自然と調和した豊かで充実した生活を確保する	7　エネルギーをみんなにそしてクリーンに 8　働きがいも経済成長も 9　産業と技術革新の基盤をつくろう 10　人や国の不平等をなくそう 11　住み続けられるまちづくりを 12　つくる責任　つかう責任
平和 (Peace)	平和で公正、かつ包括的な社会を育てる	16　平和と公正をすべての人に
パートナーシップ (Partnership)	確かなグローバル・パートナーシップを通じ、アジェンダを実施する	17　パートナーシップで目標を達成しよう

（出典）国際連合広報センターウェブサイト掲載資料をもとに筆者作成

17の目標のうち、1〜6の目標は、従来のMDGsの内容を踏襲・深掘りし、残りの11の目標は新たな目標として策定されています。

SDGsは、「我々の世界を変革する：持続可能な開発のための2030アジェンダ」に詳記されていますが、その中の「前文」には、「人類及び地球にとり極めて重要な分野」として5つをあげており、表のとおり、17の目標が分類されています。

さらに、「持続可能な開発の三側面」として、「経済」、「社会」、「環境」を調和させることが必要であると記載されています。つまり、上記の三側面は、1997年にイギリスのジョン・エルキントン氏が提唱した「トリプルボトムライン」（企業活動を経済面のみならず社会面及び環境面からも評価）の3つのキーワードと同じです。

これからの事業者には、組織の活動だけでなく、私たちの個人の活動において、SDGsを配慮した活動の5つのPと、トリプルボトムラインの考え方を根底に、常にバランスを考えながら活動していくことが求められます。

地球温暖化の緩和と気候変動への適応

　いま、世界各地で異常気象が相次いで起きています。アジアでは豪雨による水害が頻発し、北米やヨーロッパでは逆に雨が降らずに、干ばつと猛暑が続き、森林火災が多発しています。世界気象機関は、世界各地の猛暑や豪雨などの異常気象の増加は、長期的な地球温暖化の傾向と一致していると分析し、懸念を表明しました。

　気候変動に関する政府間パネル（IPCC）も2018年10月8日、「1.5℃の地球温暖化」と題する特別報告書を公表し、地球温暖化の危機を世界に向けて警鐘を鳴らしました。今回、特別報告書が発表された背景には、異常気象や気候変動により地球温暖化が一層深刻化したためです。IPCCの特別報告書は、このまま温室効果ガスの排出が続けば、早くて2030年には平均気温が1.5℃上昇すると予想しており、2070年には2.0℃を超えるとしています。また、平均気温2.0℃の上昇で、人々の健康、生計、食糧安全保障、水供給、人間の安全保障、経済成長への影響はさらに深刻化すると予測していますが、上昇を1.5℃までに制限することで、2050年までに貧困人口を数億人に減らし、水不足にさらされている人の数を50％削減することが期待できる、としています。平均気温の上昇を1.5℃までに抑えて安定させるためには、2030年までに世界全体の年間の二酸化炭素（CO_2）排出量を約45％削減し、2050年には「実質ゼロ」とし、再生可能エネルギーの割合を70〜80％までに高め、石炭火力発電をゼロに近づけなければならない、と「脱炭素社会」の必要性を強く指摘しています。

　気候変動は、社会や政治的な課題だけでなく、経済における課題としても認識されています。ダボス会議で有名な世界経済フォーラムが毎年発表している「グローバルリスク報告書」の2018年版においても「発生の可能性が高いリスク」や「社会への影響が大きいリスク」の中に「気候変動の緩和や適応への失敗」や「異常気象」「自然災害」を最も大きなリスクとしてあげています。さらに関心の高い項目として「水危機」「食糧危機」「感染症の広がり」「非自発的移住」「生物多様性の喪失、絶滅と生態系の崩壊」「国家紛争」「人為的な環境災害」「国家の崩壊または危機」などがあげられて

います。また、企業が「リスク再評価」を行うに際して、必要な３つのカテゴリーと３つの要素、あわせて９つの視点が述べられています。

1．構造的レジリエンス　①冗長性：組織は自力で混乱状態から素早く立ち直れるか。②モジュール性：組織が疎結合しているか。各要素が離れすぎている場合や、強固に結合している場合は、柔軟な適応能力を失う。③多様性：自然界と同様に致命傷にならないように多様性、分散性を有しているか。

2．統合的レジリエンス　④組織は多層的なスケールでの相互作用を有しているか。⑤第三者評価も含め自己評価を正確に行い、組織の限界点を認識、理解できているか。⑥社会と健全な共助関係性を持ち、機能不全に陥った時、他組織や社会の助けを得ることができるか。

3．変革的レジリエンス　⑦危機発生時に復元させる以外の分散選択肢が用意されているか。⑧原状回復の選択肢として何かを取り止め、組織として新たな取組を始める先見性を有しているか。⑨通常の垣根を越えて新たな領域に踏み込む実験ができる体制と未来志向の変革能力を有しているか。

この９つの視点により、リスクの再評価を行えば、自社の「強み」や「弱み」、「チャンス」や「課題」にいち早く気付くことができます。さらに、利害関係者や社会との関係性においても、長期的な信頼性や優位性、社会貢献性や共助性を得ることができます。

日本では、2018年４月、環境省と文部科学省、農林水産省、国土交通省、気象庁が協力し、温暖化について新たな予測を報告書にまとめました。この報告では、温暖化がこのまま進んだ場合、21世紀末には、全国平均気温が最大5.4℃まで上昇するとしています。猛暑や高潮、洪水、インフラ機能停止、食糧不足、水不足などが発生し、農業、家畜にも大きな影響が出ると予測しています。最高気温も40℃を超える日も多くなり、豪雨の回数は、現在の２倍以上に増えます。こうした深刻な事態に対して、「気候変動適応法」が2018年12月より施行されることになりました。同法では、国、自治体、事業者、国民が気候変動適応の推進のための担うべき役割を明確にしています。自治体に対しては、温暖化を前提として、気候変動による適応策を求めており、その内容は、異常気象や自然災害による被害を抑える対

策や、農産物の品種改良、熱中症、感染症の対応まで、多岐にわたります。事業者に対しては、気候変動への適応に寄与する「適応ビジネス」の促進が求められていますが、防災面では、災害時における企業の事業活動の継続を図る「事業継続計画（BCP）」の策定や事業者による共助の推進なども求められています。

　また、経済産業省は2018年7月、「気候変動適応ビジネス」として、気候変動を引き起こす温室効果ガスの排出を抑えるために、2050年までに日本の自動車メーカーが世界で販売する乗用車の全てを電気自動車（EV）やハイブリッド車などのモーターを使った「電動車」とする目標を打ち出しました。世界的に電気自動車へのシフトが加速する中、自動車産業の競争力と、温暖化対策の両立を目指す動きと言えます。環境省も2018年7月、二酸化炭素の排出を有料化する「カーボンプライシング」の活用を議論する会議を立ち上げました。これは、炭素税や排出量取引などを通じて、二酸化炭素を出さない事業者が利益面で有利になるというものです。

　温暖化の影響を軽減する「気候変動への適応」への取組では、日本は欧米や中国に比べリードされている状況ですが、「気候変動適応」の法制化により自治体の対応を促し、企業の適応ビジネスも後押しされていきます。地球温暖化をめぐる気候変動への適応状況を紹介しましたが、すべては密接につながっています。危機は地球規模で差し迫っていますが、この問題を解決するのは容易ではありません。今後の持続可能な社会を確かなものにするために、地球温暖化の緩和と気候変動への適応について、さらに理解を深め、認識そのものを大きく変えていく必要があります。

参考情報URL

エコアクション21の構築・運用に役立つウェブサイトをご紹介します。
2018年8月時点の情報です。変更となることがありますのでご留意ください。

1　エコアクション21関係
① 　エコアクション21中央事務局（エコアクション21の運営機関）
http://www.ea21.jp/
② 　エコアクション21プラザ（エコアクション21の構築・運用に役に立つ情報満載）
http://www.ea21-plaza.org/

2　エコアクション21認証取得支援事業（エコアクション21中央事務局）
① 　エコアクション21自治体イニシアティブ・プログラム
http://ea21.jp/jichitai-initiative/
② 　エコアクション21関係企業グリーン化プログラム
http://ea21.jp/kanren-initiative/
③ 　エコアクション21 CO_2削減プログラム（Eco-CRIP）補助事業
http://ea21.jp/eco-crip/
④ 　自治体による支援と優遇制度などの情報
http://ea21.jp/starter/jichitai-info/

3　温暖化緩和策（省エネルギー関連）
① 　一般財団法人省エネルギーセンター（工場・ビルの省エネルギーなど）
https://www.eccj.or.jp/useful.html
② 　資源エネルギー庁（政府の節電ポータルサイト）
http://www.enecho.meti.go.jp/category/electricity_and_gas/setsuden/

4　自然災害などへの適応策（BCP関連）
① 　内閣官房国土強靱化推進室（災害に強い国づくり）
https://www.cas.go.jp/jp/seisaku/kokudo_kyoujinka/

② 一般社団法人レジリエンスジャパン推進協議会 (レジリエンス認証機関)

http://www.resilience-jp.biz/

おわりに

　ライト兄弟が、1903年12月に世界初の有人飛行を成し遂げたわずか100年で、エアバスA380は乗客850人を乗せ、560トンもの巨体が空を自由に飛んでいます。1979年、1G通信を採用した携帯電話サービスを世界で初めて日本が実用化しました。そのわずか39年後、携帯電話の契約人口は世界人口75億人を超えています。1984年にはインターネットにより世界との接続が可能となり、携帯電話でも、相手の顔を見ながら世界中のあらゆる人と話すことができる時代になりました。34年間の技術進歩でこのような世界になることが想像できたでしょうか。

　人類が地球環境を劇的に変えてしまった21世紀では、気候変動に対しての緩和と適応が強く求められています。今後の気候変動に対応して事業を継続していくために環境経営は、必須のシステムとなっています。国が推奨し、推進するエコアクション21は、経営から切り離すことができない環境と経営を融合し、中小規模の事業者が、その力量にあわせて構築・運用できる最新の経営マネジメントシステムです。事業者の方には、エコアクション21が確実に進めることのできる環境経営システムであるということを、ご理解していただけたと思います。

　この機会にエコアクション21の導入に踏み切ってはいかがですか。きっと、導入してよかったという実感を感じ取っていただけるものと確信しております。また、既にエコアクション21を運用されている事業者のみなさまには最新版である本書を参考に、ビジネスヒントをたくさん発見していただき、環境経営の継続的改善や経営に役立てていただきたく、著者一同、心より祈念しております。

　また、この場をお借りして編集にご協力いただきましたエコアクション21地域事務局大阪のみなさまや出版にご協力いただきましたみなさまにあわせてお礼申し上げます。

著者一同

エコアクション21研究会

〈メンバー（五十音順）〉

....

飯田　哲也（いいだ　てつや）

技術士事務所環境空間代表／環境カウンセラー／エコアクション21審査員／技術士（水道部門・環境部門）／NPO土壌汚染対策コンソーシアム副理事長／著書「中小企業が『環境』をダシに儲ける本」、日経ESG「中小企業のための環境マネジメント入門」連載中／環境講座に自作環境落語を取り入れた面白いセミナーを展開中

宇田　吉明（うだ　よしあき）

宇田環境経営研究所代表／環境カウンセラー／エコアクション21審査員／EMS審査員／エコアクション21地域事務局大阪普及委員長／大阪府環境マネジメントシステムアドバイザー・大阪市環境審議会委員・京都市環境マネジメントシステム外部有識者会議委員など歴任／著書「業種別ISOの構築が分かる本」「環境ビジネス７つの成功法則」など

花村　美保（はなむら　みほ）

城西国際大学環境社会学部助教／2Sf2C（ツーエス　フォー　ツーシー）代表／環境カウンセラー／エコアクション21審査員／消費生活コンサルタント／環境教育インストラクター／ISO TC301国内審議委員／特定非営利活動法人 大阪環境カウンセラー協会理事BCP部門長

前田　芳聰（まえだ　よしあき）

ニューメディカ・テック株式会社取締役会長／環境カウンセラー／EMS審査員／エコアクション21審査員／水道技術研究センター特別委員／JAXA宇宙オープンラボ宇宙用安全飲料水装置開発リーダー／第１回大阪フロンティア賞 最優秀賞受賞／第２回ものづくり日本大賞 優秀賞受賞／防衛省 防衛技術研究所「安全水プロジェクト」最優秀賞受賞／著書「水の生命力」など

【ダウンロードサービス】

第2章で紹介した様式集をダウンロードいただけます。

http://www.d1-book.com/

※ダウンロードは、2021年3月31日までとなります。

サービス・インフォメーション

―――― 通話無料 ――――

① 商品に関するご照会・お申込みのご依頼
　　TEL 0120 (203) 694／FAX 0120 (302) 640
② ご住所・ご名義等各種変更のご連絡
　　TEL 0120 (203) 696／FAX 0120 (202) 974
③ 請求・お支払いに関するご照会・ご要望
　　TEL 0120 (203) 695／FAX 0120 (202) 973

● フリーダイヤル（TEL）の受付時間は、土・日・祝日を除く
　9：00〜17：30です。
● FAXは24時間受け付けておりますので、あわせてご利用ください。

改訂版　よくわかるエコアクション21 Q&A
―基本から実務まで

平成31年1月10日　初版発行

著　者　　エコアクション21研究会
　　　　　飯田哲也　宇田吉明　花村美保　前田芳聰

発行者　　田　中　英　弥

発行所　　第一法規株式会社
　　　　　〒107-8560　東京都港区南青山2-11-17
　　　　　ホームページ　http://www.daiichihoki.co.jp/

EA21QA改　ISBN978-4-474-06471-3　C2034　(7)